图说桃高效栽培关键技术

主　编　汪景彦　崔金涛
副主编　邢彦峰　隋秀奇　徐明会
参　编　（以姓氏笔画为序）
厉恩茂　付海英　安秀红　李　壮　李　敏
杨波云　杨宝存　杨晓竹　汪纯龙　果金柱
袁金鹏　谢　敏　樊树旺

机械工业出版社

本书以图说的形式较详尽地总结了燕特红桃早丰高产、优质高效的栽培技术和经验。桃树以密植为主，采用主干形整形，栽后加强综合管理，培养强壮树势。立足当地，也参考许多权威著作和文章，目的是让桃农迅速掌握桃树的管理技术和经验，家家学会管桃树，人人掌握新技术，管好桃树，早达小康。

本书可供桃农、果树技术员、果树爱好者使用，也可供农林院校相关专业的师生参阅。

图书在版编目（CIP）数据

图说桃高效栽培关键技术/汪景彦，崔金涛主编.—北京：机械工业出版社（2019.9重印）

（图说高效栽培直通车）

ISBN 978-7-111-54710-5

Ⅰ.①图…　Ⅱ.①汪…②崔…　Ⅲ.①桃－果树园艺－图解　Ⅳ.①S662.1-64

中国版本图书馆CIP数据核字（2016）第202630号

机械工业出版社（北京市百万庄大街22号　邮政编码100037）

策划编辑：高　伟　郎　峰　　责任编辑：高　伟　郎　峰

责任校对：崔兴娜

北京联兴盛业印刷股份有限公司印刷

2019年9月第1版第4次印刷

140mm×203mm・3.875印张・117千字

标准书号：ISBN 978-7-111-54710-5

定价：25.00元

电话服务

服务咨询热线：010-88361066

读者购书热线：010-68326294

010-88379203

网络服务

机 工 官 网：www.cmpbook.com

机 工 官 博：weibo.com/cmp1952

金 书 网：www.golden-book.com

教育服务网：www.cmpedu.com

前言
Preface

桃是世界六大水果（柑橘、葡萄、香蕉、苹果、梨、桃）之一，占水果总产量的2.6%~3.0%，位居落叶果树产量第四位。桃在我国位居第五大水果，2013年桃的栽培面积、产量分别达到76.59万ha和1192.41万t，并在随后的这两年稳步增长，均创新高。

随着栽培技术的进步，许多传统的经验、技术已不适用，如原来的三主枝开心形、杯状形正逐步让位给立体形（主干形、松塔树形等），短截修剪法已让位给长枝修剪法，稀植栽培让位给密植栽培，用化控代替夏季摘心等，同时，产量、质量大幅提高。

本书较详尽地总结了燕特红桃早丰高产、优质高效的栽培技术和经验。桃树以密植为主，采用主干形整形，栽后加强综合管理，培养强壮树势。干周平均粗度1年、2年、3年、4年生树分别为11~12cm、16~17cm、19~20cm和21~25cm，2年生亩产可达2500~4500kg，3年生高达4500~5000kg，3~5年生产量稳定在5000~6200kg。每亩年纯收入在2万~3万元。该品种生长势强，早期结果性能好，是罕见的。全国著名桃树专家看到栽后第二年亩产4500kg的桃园后，感慨地说“不可思议”。燕特红桃在遵化市，虽然刚发展4~5年，但经济效益已非常明显，所以面积扩大较快，这是一条快速致富的新亮点，因此受到各方关注。

本书立足当地，系统总结了桃高效栽培关键技术经验，也参考了许多权威著作和文章，目的是让桃农迅速掌握桃树的管理技术和经验，家家学会管桃树，人人掌握新技术，管好桃树，早达小康，这是我们的殷切希望。

本书可供桃农、果树技术员、果树爱好者、农林院校师生参阅。

由于技术尚未完善，经验尚需提高，书中必有不足之处，恳请广大同行和读者不吝赐教，以便修正，为生产、为桃农更好地服务。

汪景彦

目　录
Contents

第一章 概 述

第一节 桃树栽培历史与现状

一、栽培历史

桃树是原产于我国最古老的果树树种之一，栽培历史已有3000年以上，原先主要产自甘肃、陕西等西北黄土高原和西藏等地，即黄河上游海拔1200~2000m的高原地带，这里的气候冷凉干燥，适于桃树生长发育，逐渐形成桃主产区。

3000多年的历史过程中，桃树从我国传遍世界，公元前1~2世纪，通过丝绸之路，由甘肃经新疆传入伊朗（古为波斯），后由伊朗传到希腊、罗马及地中海沿岸及欧洲各国，15世纪传入英国，之后又传入日本乃至世界各地。

二、发展现状

1. 世界分布

桃被称为世界六大水果（柑橘、葡萄、香蕉、苹果、梨、桃）之一，主要分布在南、北纬的25°~45°之间。在温带落叶果树中排在苹果、梨、葡萄之后，居第四位。桃主要分布在欧、亚和北美洲，其总产量占世界的86%~90%。全世界生产桃的国家有68个，其中中国、意大利和美国产量最多，2013年我国桃总产达1192.41万t，占世界60%以上，其他国家桃总产量由多到少的是希腊、西班牙、法国、土耳其、智利、阿根廷、

日本、伊朗、巴西、韩国、朝鲜、葡萄牙、印度、澳大利亚、乌兹别克斯坦、摩尔多瓦、以色列和罗马尼亚等。

全世界桃品种有3000多个，我国有1000多个。全世界的桃可分五大品种群，即华北品种群、华南品种群（硬肉、水蜜）、南欧品种群、美国品种群和日本品种群。

2. 我国分布

在我国，桃主要分布范围在北纬23°~45°之间，北起黑龙江，南至广东，东到海滨，西至新疆（库尔勒）、西藏（拉萨），以及东南部的台湾省均有桃的栽培。全国各省选为栽培的品种共有800个，2013年桃的栽培面积为76.59万ha，当年产量超100万t的省份是山东、河北、河南三省（表1-1）。

表1-1 我国桃主产省2013年产量、面积分布

地区	面积/万ha	产量/万t	占全国产量比重（%）
山东	10.40	246.48	20.67
河北	8.56	166.17	13.94
河南	7.64	110.12	9.23
湖北	5.33	72.49	6.08
陕西	3.20	70.81	5.94
山西	2.44	62.36	5.23
辽宁	2.33	59.96	5.63
江苏	4.03	50.81	4.26

这三省产量总和共占全国桃产量43.84%。其中，山东的肥城、沂源、青州，河北的深州，江苏的无锡、太仓，浙江的杭州、奉化、宁波，甘肃的兰州、天水、秦安等地都是历史著名产区。特别是大城市郊区、矿区、旅游区附近，如北京（平谷）、天津、唐山（乐亭、遵化）、烟台、青岛、蒙阴、上海等地栽培面积扩展较快。

汪祖华等（1990年）根据桃分布现状、各地生态条件等将桃划分为5个适宜栽培区和2个次适宜区。

（1）适宜栽培区

1）西北高旱桃区：是桃原产地，包括新疆、陕西、甘肃、宁夏等省、

自治区。

2）华北平原桃区：包括秦岭—淮河以北广大地区，如辽宁南部、北京、天津、河北、山东、山西、河南、江苏和安徽北部。

3）长江流域桃区：包括江苏、安徽南部、浙江、上海、江西、湖南大部、成都平原和汉中盆地。

4）云贵高原桃区：包括云南、贵州和四川的西南部。

5）青藏高寒桃区：包括西藏、青海大部、四川西部等海拔3000m以上的高寒地带。

（2）次适宜区

1）东北寒地桃区：包括北纬41°以北的黑龙江（海伦、绥棱、齐齐哈尔、哈尔滨）、吉林（通化、吉林、张山屯，以及延吉、和龙、珲春一带）。

2）华南亚热桃区：包括北纬23°以北、长江以南的福建、江西、湖南南部、广东、广西北部的亚热带气候地区。

第二节 桃业生产的价值

一、营养丰富，满足消费者的需求

大多数桃果柔软多汁、甘甜味美、甜酸适度、清香味浓、营养丰富（表1-2），夏秋季节，品尝鲜美的桃果，更是倍感享受。

表1-2　100g鲜桃果的营养成分

营养成分	含　量	营养成分	含　量
水分/g	78.2	钙/mg	7.8~8.0
蛋白质/g	0.5~0.8	磷/mg	20.0~34.0
脂肪/g	0.1~0.5	铁/mg	0.9~1.0
碳水化合物/g	7.0~7.7	胡萝卜素/mg	0.01~0.63
热量/kcal①	32~33	维生素 B_1/mg	0.01~0.03
粗纤维/g	4.1	维生素 B_3/mg	0.7
灰质/g	0.5	维生素C/mg	6.0~8.0

① 1cal=4.1868J。

二、医疗功效

桃的仁、花、枝、叶、根及桃胶等皆可入药，但以桃果入药为主。

1. 桃果

桃果性温、味甘酸、能消暑解渴、清热润肺，故称为“肺之果”，适宜于肺病患者食用。冬桃可解劳热，碧桃可解虚汗、盗汗。桃果能通月经、润大肠、消心下积，还能补心活血、生津涤热。桃果铁含量较为丰富，是缺铁贫血患者的理想食疗佳果；此外，桃果含钾多含钠少，水肿患者宜食之。炎夏食桃，养阴生津、润肠燥、滋养性好。人食桃脯，益颜色、有益健康。桃干能敛汗、止血，可治虚汗、盗汗、咯血等病。

2. 桃仁

桃仁性平、味苦甘，入心、肝、大肠，有治血祛瘀、淘燥润肠、淘大便、破蓄血、杀三虫、避障疠等作用，可治高血压，慢性肠炎、子宫下垂、闭经、症瘕、热病蓄血、风痹、疟疾、慢性肠炎、瘀血肿痛和血燥便秘等症。

桃仁中含有苦杏仁甙、苦杏仁酶、乳酸酶和脂肪油等。苦杏仁甙有止咳平喘作用，但过量使用，易在体内产生有剧毒的氢氰酸和抑制蛋白酶的消化功能的苯甲醛。药理实验表明：桃仁中的醇提取物有抗血凝作用和较弱的溶血作用，能抑制呼吸中枢而有止渴及短暂的降血压作用，因而能辅助治疗高血压、心脏病。

桃仁内含有的脂肪可治便秘，还可治疗高血压。如用桃仁和决明子各10~20g，加水煮服，对高血压头痛有较好的疗效。

桃仁作为治疗产后血瘀、血闭的主要药，苦可以泻瘀血，甘可以生新血。妇女月经不调、闭经、腹痛及跌打损伤造成的瘀血都离不开它。近年研制的桃仁四妙丸，对脉管炎疗效较好，但孕妇禁服。

3. 桃叶

桃叶内含糖甙、柚皮素、奎宁酸、番茄烃、鞣质和腈甙，性平味苦，能祛风湿、清热解毒；所含苷类，捣烂后可产生氢氰酸，用以杀虫。桃叶浸出液灭杀蚊子及其幼虫孑孓的效果较好。临床上，桃叶可作泻剂、驱虫剂及治百日咳用。将鲜桃叶水煎冲洗阴道可杀灭阴道滴虫；擦患部可治疮疖、慢性荨麻疹等；桃叶还能治眼生翳膜。

4. 桃花

桃花内含山萘酚、香油精、三叶豆甙和柚皮素等。桃花性平味苦，能利水、活血、通便。桃花性走泄下降，利大肠甚快，气实病患者的水饮肿满、积滞、大小便闭塞者有疗效。浮肿腹水、脚气足重、大便干结、小便利者，可取桃花焙干研磨，每次服用1~3g，用蜜水调服，疗效较好，但久服耗人阴血、损元气。桃花还能治疯癫病。酒渍桃花饮之，还能治百病，益颜色。

5. 桃枝

取桃枝煎汤内服或外用可治心腹病。

6. 桃根

用桃根煎汤内服或外用可治黄疸、吐血、血压、闭经、痈肿、痔疮等，但孕妇忌用。

7. 桃胶

桃胶内含半乳糖、鼠李糖、α-葡萄糖醛酸等，为治石淋、血淋的常用药，并可益气、和血、止咳，能治糖尿病、结石症。

8. 桃茎白皮

桃茎白皮含柚皮素、香橙素、桃甙元、桃甙、β-谷甾醇和焦性儿茶酚等，可治水肿疝气腹痛、肺热喘闷、痈疽、湿疮等。

三、提供工业原料

我国是世界桃主产国和加工国，桃加工种类最全。

1. 桃仁

桃仁含油45%，可榨取工业用油。

2. 桃核

桃核可制活性炭，是制造味精、果汁、白糖，以及纺织、印染、冶金、化工、治理污染等不可缺少的吸附净化物质。

桃核还可以被雕刻成精美工艺品。

3. 桃果

（1）桃罐头 如黄桃肉、白桃肉罐头，主要出口日本，年出口量在3万t左右。

（2）桃汁（原浆和浓缩汁） 可加工成8° Brix（白利度）桃原浆、32° Brix桃浓缩浆和桃混浊汁、45°~70° Brix桃浓缩汁。我国生产的桃原浆主要出口到日本、韩国和东南亚各国，年出口量3万~5万t。近年，向俄罗斯、蒙古国、中亚各国出口32° Brix桃浓缩浆，年出口量2000~3000t。

（3）桃速冻加工品 主要是速冻桃片和速冻桃丁，一部分用于罐装，另一部分用于冰淇淋、西餐配菜。桃速冻加工品的主要市场是西欧和日本。

（4）桃脯 曾在20世纪80年代盛行，随后于90年代末期淡化。

（5）桃粉 在国内，已有试加工出口。

（6）桃果肉 汇源果汁公司生产“汇源桃果肉”,广告宣传语便是“汇源桃果肉，常喝气色好”，销量较多。

（7）桃酒 近年果酒销售渐增。中国台湾省两家厂商在山东肥城创建了桃酒厂，市场反应较好。

四、成为新的经济增长点

1. 北京平谷区

20世纪90年代，北京平谷区比较了各种果树的优势，决定重点发展桃业生产，形成特色。目前已发展到20余万亩（1亩≈667m^2），其产量较高，亩产2500~4500kg，高者达5000kg，现已形成稳定的市场，远销国外，经济效益超过苹果。桃农已脱贫致富，多达小康。

2. 河北省遵化市兴旺寨乡

由燕特果蔬种植业专业合作社杨宝存社长带头发展燕特红桃，已形成产业，现已发展到8000多亩。过去，这里是传统的板栗产区，由于近年板栗效益下降，亩收益只有2000~3000元，不及桃收入的1/10，靠板栗生产难达小康，近3~4年发展的“燕特红”桃，栽后2年投产，产量高，效益好，果农看后，非常羡慕，栽桃积极性大增。截至2015年春，全乡燕特红桃树面积已发展到8400余亩，桃树丰产园比比皆是，如张旭刚的5亩2年生桃园亩产达4500kg，孙继云的6亩山地3年生桃园亩产也在6200kg左右，杨宝存的4~5年生桃园亩产在6500kg左右。2015年桃的收购价每千克6元，亩效益一般在2.5万~3.0万元，对于急于致富达小康的果农来说，这是多么大的吸引力啊！发展桃业生产已成为当地新的经济增长点，受到各级领导的高度关注。

3. 河北的深州和乐亭、浙江的奉化、山东的蒙阴等地

桃产业蓬勃发展，已成为当地的支柱产业。

五、美化生活

1. 观光桃园

观光桃园是果园和公园的有机结合，“在那桃花盛开的地方”，各地多有走俏“桃花节”“蟠桃会”“采摘节”安排，吸引大量游客，旅游景观和景点也为农家乐带来火爆的生意。

2. 美化环境

桃树为先花后叶的中型乔木，树姿诱人，花色粉红艳丽，叶片浓绿、果色红、黄、绿，果形扁、圆、尖，果个大、中、小，风味清香、浓香，是理想的庭院观赏和美化环境树种。

3. 点缀生活

桃核与桃木可以加工成多种工艺品，诸如拐杖、桃核手串、桃核珠串、平安、如意。桃木还可以加工成雕刻工艺品，供人们观赏。

4. 文化价值

中国桃文化源远流长，古时，桃代表太平盛世和人间乐园，把桃李比喻人才、学子、人品。唐宋以后，桃又成了长寿的象征，而桃木也是人们常用的驱邪之物。

六、生产上存在的问题

1. 栽培管理不够规范、标准

（1）单产低、桃质差　近年桃园综合管理水平确有不同程度的提高，但因千家万户个体经营，难以按规范化管理。从质量上看，由于桃农经济基础差，投资、投劳、投科技力度小，一味追求产量效益，忽视质量效益，果实农残超标，影响市场销售，年出口率仅为1.6%左右，出口价仅为国际市场平均价的20%~30%，远低于美、日、意、韩等国。

（2）育苗体系不健全　在育苗体系中，多年还沿用“自采、自育、自栽”的传统模式，缺乏专利育苗机制。这方面的问题有：

1）不按苗木生产标准培育苗木，苗木高矮、粗细参差不齐，出苗率低。

2）苗木生产多为小户经营，缺少大型龙头企业。

3）苗木出圃调运，缺乏有效监督，检疫手续不严格，易传染病虫害。

2. 桃品种结构亟须调整

（1）鲜食品种栽培面积过大，加工品种面积太小　当前鲜食品种供过于求，制罐的黄肉桃品种严重不足。仅剩下安徽砀山、河南周口、北京平谷、辽宁大连和丹东及山东部分地区，还有少量制罐黄肉桃品种栽培，由于量少，收购价很高，在山东蒙阴晚黄金桃收购价每千克 10 元。收购商渴望能在北方桃区多收购黄肉桃果品，以满足市场需求。

（2）缺少加工原料基地　目前，除少量制罐专用品种外，特别缺少制汁、制速冻桃片和桃丁的专业品种及基地，不但黄肉桃栽植面积少，而且品种数量不足，高糖高酸、风味浓郁的黄肉桃汁生产仍为空白。另外，加工原料品种成熟期集中，通常在 2 个月左右，导致加工设备闲置期长，利用率不高，这些都在很大程度上影响我国桃加工业的国际竞争力。

（3）损耗多，农残高　据王有年、邢彦峰等（2008 年）报道，我国桃与国外相比，大多数表现出可溶性固形物含量低、风味淡，还有软沟和裂核现象。2004 年，北京平谷部分桃园晚熟品种软沟和裂核率达 50%，给果农造成严重的经济损失。另外，采后腐烂率高，储藏期和货架期短，据北京市植物保护站调查，库存期平均腐烂率达 15%，出库后 5 天平均腐烂率 60%，到新加坡口岸腐烂率高达 70%，给桃农和外贸单位造成重大经济损失。

（4）管理不规范

1）施肥：为了获得高产和大果率，大量施用氮肥，基本不施中、微量元素。据调查，平谷每公顷桃园施氮 300~1000kg，超过桃树需氮量 3~5 倍，造成严重的比例失调。

2）灌水超量：桃喜干燥气候，浇水过多并不好。采前和采收期供水过多，势必导致可溶性固形物含量低、果实裂核和软沟率高、耐贮性差、货架期短。

3）施药：桃园施药次数多，晴天就打药，用药量大，残效期长的农药普遍使用，部分果园农残超标。

4）树冠郁密：大部分桃园仍沿用传统短截法，促发强枝壮条，夏剪摘心次数多，既浪费了劳力、资金，又郁密了树冠，致使桃个小，含糖量低，着色差。

（5）桃园重茬、苗圃重茬严重

1）桃园重茬：许多桃园树龄已达 13~15 年，处于急需更新阶段。一个大的桃产区，空白地有限，刨树后，只能再栽桃树，这就要发生重茬障碍，或称再植病，在平谷区，已发现这类园子。幼树生长量只及正常园的 1/3~1/2，树势弱，枝条细，1 年生幼树难以成活或花芽瘦小。

2）苗圃连作：一般苗圃场空地不多，轮作已不可能，易生根癌病，新园定植后，几年内，因植株衰亡，死苗严重，园貌不齐，产量上不来，质量难提升，经济损失十分严重。

（6）贮藏能力差 目前，我国桃分级仍以手工为主，参考的标准是果个和外观（主要是颜色、光洁度）。真正通过机械挑选、烘干、分级、包装的部分只占桃总产量的1%左右。国外鲜桃基本上都经过上述流水线，然后再投放市场。

我国桃果大部分采用常温贮藏和运输进行销售，所以，果实变软快、贮藏期短、货架期更短。近年，在甘肃秦安、河北遵化、北京平谷区开始建设小型（20~25t）恒温库，但贮存量尚少。

七、桃树点评

1. 优点

（1）适应性广 桃树是适应性强、分布广的树种之一。在南、北纬 25°~45°之间山地、平地都可栽培，有近 30 个国家生产桃，我国有 20 多个省、市、自治区生产桃。

（2）树体中大，适于密植 桃树一般高达 2.5~3m，主干形树高可达 3.5m 左右，栽培难度小于苹果、梨，病虫害轻，亩栽 55~198 株。在小面积桃园行距 2.5~3m，大面积桃园行距 3.5~4m，株距因树形、品种而定，一般 1.5~2m。

（3）发枝多，长势旺，成形快 桃树的萌芽率和发枝力均强，新梢一年可抽生 2~4 次副梢，年总生产量大。据调查，1 年生苗木栽后，当年 9 月份，树干中部干周可达 11~12cm，2 年生可达 17~18cm。新梢（长果枝）平均长达 60~90cm，树冠成形快，2 年树冠即交接，全树枝量达 60~80 条，3 年生达 100~250 条，可以满足丰产需要。

（4）易成花，花量大，产量稳 自花结实率高（如燕特红桃）。栽植当年，个别单株即可开花结果，一般 2~5 个果，形成长果枝 20~30 个，中果枝 10~20 个，还有十几个短果枝，花量大，串花较多，产量来得快。管理好的桃园，2 年生树，亩产可达 3000~4500kg，一般园亩产

在500~2000kg之间；管理水平高的（如燕特红桃），3~5年生亩产均在5000~6000kg，几乎没有大小年现象。

（5）果实供应期长 果实的供应期露地栽培的可在6~11月份，延迟栽培的可在11月至第二年1月，设施栽培的可在1~5月份。

（6）用途广 大部分品种主供鲜食，少量供加工，个别品种供观赏（如碧桃、寿星桃等）。

2. 缺点

（1）寿命较短 一般桃树寿命15~20年，短周期栽培10~12年。

（2）对生态条件要求较高 桃喜光性强，在阴暗条件下，枝条枯死严重。所以整形修剪要格外注意通风透光。桃根系不耐水淹。在低洼地，或雨涝2天以上时，根系会被泡死，所以要求在高燥地建园，或起垄栽。

（3）果实贮藏性差 软溶质品种在高温季节采后，存放2~3天就开始变软、腐烂。从树上掉落的果实，一夜间，霉菌就可能长到2~3cm长，一些中、晚熟品种贮运性稍好些，但只能在恒温库中贮藏1个月左右。再长些时间，虽然外观变化不大，但风味丧失，不堪食用。

八、今后发展趋势

1. 优选品种

（1）总的发展趋势 果大、形正、全红、质优、较耐贮运、丰产稳产的品种。

（2）鲜食白肉水蜜桃 一种是适用于无袋栽培，耐贮运的易着色品种（秦王桃、重阳红等），另一种是适宜套袋栽培、品质极优的品种及难着色品种（清水白桃、白丽等），极具发展潜力。

（3）鲜食黄肉水蜜桃 备受青睐，发展前景好。黄、白肉加工水蜜桃，发展潜力不大。

（4）油桃 市场潜力大，被称为21世纪的桃，我国喜欢油桃，市场空间大。

（5）蟠桃（毛蟠桃和油蟠桃） 食用性不如水蜜桃，不宜大发展。

（6）大果早熟 大果早熟品种（5~6月份成熟）和大果优质、着色差的晚熟品种（9~10月份成熟）及高档离核品种（如映霜红等）应是以后发展的重点。

2. 栽培技术

（1）株行距 趋于密植，由行距 4~6cm 缩为 2.5~4cm，株距由 3~4cm 缩为 1.5~2.5cm。

（2）树形 我国原来普遍推广三主枝开心形或杯状形，现改为主干形或松塔形，光线好、易修剪、早期产量高。

（3）树高 过去搞三（二）主枝开心形，树冠太低（2~2.5m），湿度大，叶、果易染病；现改用主干形，树高达 3~3.5m，下部距地 80~100cm，通风透光，易于操作，结果叶幕层 2m 左右，可以负担较高产量。为了方便操作，在 3 年生时，开始将树高降至 2.5~3.0m 之间。

（4）露地栽培 对中晚熟和极晚熟（中华寿桃、映霜红、燕特红等）桃果进行套袋栽培，以提高外观品质，结合摘叶、铺银膜，增加着色。

（5）药剂 改喷多效唑为 PBO（果树促控剂）。

（6）设施栽培经济效益好 亩收益在 4 万 ~5 万元，有一定发展空间。

（7）观赏桃走向市场 千姿百态的盆栽桃，走向千家万户，美化环境，衬托和谐生活，春观花，夏赏叶，秋品果，冬秀姿，和谐美满，其乐无穷。

（8）简化修剪 采用长枝修剪法，利用疏枝长放法，调整枝果比和亩枝量，尽量利用长、中果枝结果，减少夏季摘心工作量，让果枝下垂结果。

3. 冷藏贮运

中、晚熟品种成熟时，天气渐凉，果实较耐藏，果农可根据自己的经济力量，利用闲置房屋，装修家庭小冷库，贮藏 1 个月左右，便可出售，每千克果可多赚 1~2 元钱。出库后，不影响贮藏苹果、梨等果品。用冷藏来运输可保持桃的鲜度，减缓衰老，增加货架期，这是今后提高桃附加值的良好途径。

第三节 经济意义

一、建园投入

燕特红桃采用主干形密植栽培，每亩用苗量大，施肥量高，各项建园投资远高于一般园，按亩计，各项管理费用如下：

1）苗木购置费 3000 元；
2）人工费 400 元；
3）有机肥 2000 元；
4）开沟机费 150 元；
5）农药费 20 元；
6）地膜费 40 元；
7）其他 100 元。
总计投入 5710 元。

二、常年管理亩投入

根据 2014 年用工费和农资价格，每亩年投入如下：
1）生物有机肥 600 元；
2）腐熟有机肥 500 元；
3）冲施肥 600 元；
4）农机费 50 元；
5）水电费 200 元；
6）农药、调节剂 450 元；
7）纸袋 600 元；
8）人工费 1900 元；
9）其他 100 元。
常年管理各项支出总计 5000 元。

三、产出收入

按 2014 年桃价格计算，单果质量大于 300g 的价格为 7.8 元 /kg，按平均价 7.0 元 /kg 计，2~4 年生燕特红桃亩产收入为：

2 年生亩收入 =1861.5kg × 7.0 元 /kg=13030.5 元

3 年生亩收入 =4761.3kg × 7.0 元 /kg=33329.1 元

4 年生亩收入 =5433.95kg × 7.0 元 /kg=38037.7 元

2 年生亩纯收入 =13030.5 元 – 建园费 5710 元 – 常年管理费 5000 元 = 2320.5 元

3 年生亩纯收入 =33329.1 元 –5000 元 =28329.1 元

4 年生亩纯收入 =38037.7 元 –5000 元 =33037.7 元

上述数字表明，在正常管理条件下，栽后第二年不但能收回建园投资，还能有较高的盈余。栽后第三、四年，亩纯收入分别为 28329.1 元和 33039.3 元。产投比为（5~6）∶1。

2015 年，由于桃果销售价格下滑，各年龄桃园产出下降，但从各示范园产投情况看，纯收入以杨特桃园为最高，达 28800 元（表 1-3）。

表 1-3 2015 年不同桃园产投比

年生	园名	面积 / 亩	亩投入 / 元	亩产出 / 元	亩纯收入 / 元	产投比
2	果金柱	5.0	5692	10769	5077	1.89 : 1
3	王军	4.0	5200	18000	12800	3.46 : 1
4~5	杨特	10.0	4200	33000	28800	7.86 : 1

第二章

桃树生物学特性

第一节 对生态条件的要求

一、温度

桃树对温度的适应范围较广，一般说，冬季能耐 -20℃左右的低温，当温度降为 -23~-25℃时，易生冻害，但桃树都有一定的需冷量，在 0~7.2℃的温度达 500~1000h 时才能通过自然休眠，11 月至第二年 1 月气温稳定到 0.6~4.5℃最好。

适栽区年平均气温为 12~15℃（北方品种群为 8~14℃）。4~6 月份平均气温为 19~22℃，花期气温为 15~20℃，授粉要求气温在 20~25℃。

各器官抗晚霜能力是不同的，花蕾期受冻温度为 -1.7℃，花期为 -1~-2℃，幼果为 -1.1℃。在采前，温度在 25~35℃，日温差大于 10℃，气候干燥，果实品质好。

新梢生长最适温度为 25℃，冬季气温下降到 -18℃，则 1 年生枝会受冻。桃枝叶生长适宜温度为 18~23℃，在高温多雨季节，生长不停，养分消耗多、积累少，开花势弱，结果不多，难作为桃生产基地。

桃的根系没有明显休眠期，其生长最适宜温度为 15~20℃。当气温 >31℃时，根系生长缓慢，气温在 -5℃时，根系停长，进入被迫休眠状态。

河北省遵化市兴旺塞乡一带的年均气温为 9.5℃，本书桃代表性品种——燕特红在遵化市栽培后 5 年里尚未发现各器官的冻害。这几年栽到附近的滦平、天津的蓟县、辽宁的葫芦岛和兴城等地，尚未发现器官的冻害或不适应。在河北省丰润也都有少量试栽，生长表现较好，可以作为基地来发展。

二、水分

桃虽然是属水果类，但其属性是喜干旱、怕水涝、当土壤田间最大持水量为 20%~40% 时，能正常生长，达 60%~80% 时，最适宜，当降至 15%~20% 时，叶片开始凋萎；当低于 15% 时，旱情严重。

北方桃区，若花期多遇干旱，则花质差，坐果少；若新梢生长期干旱，则新梢短、落果多；若桃果成熟前干旱，则果小质差。所以这三个时期不能缺水，但灌水又不能过多，严忌大水漫灌，以中水、小水较好，让水湿润到地下 20~40cm 深就可以了。

三、光照

桃是喜光树种，在缺光严重时，枝细，不充实，而且死枝严重，发不出强壮新梢，花芽瘦小，或有花无果，或果小质差，结果部位迅速外移，产量剧降。

一般年日照 1200~1800h 的地区，可以满足桃树生长发育的需要。在日照率高达 65%~80% 的地区，裸露的枝干，易发生日烧，应留背上中小枝组遮阴。摘袋后，特别是一次性去袋，常造成部分的果面日灼伤。2015 年 9 月 10~16 日一次摘袋桃果日灼严重（10%~15%）。应改为两次摘袋法，来减少这种伤害。

四、土壤

桃可在多种类型的土壤中生长，但最喜欢排水畅、土层厚的沙壤土。黏重土的桃树易患流胶病、停长晚，枝条不充实、易受冻。瘠薄地的桃树寿命短，桃小质差；滩地桃园，树营养不良，果早熟，易患炭疽病和胴枯病。

桃树不耐盐，土壤含盐量 0.08%~0.10% 时，生长正常，达 0.2% 时，出现叶黄化、枯枝、落叶和死树现象。桃树要求土壤含盐量在 0.28% 以下，当土壤含盐量在 0.13% 时，桃树还能正常生长，超 0.28% 时，桃树开始死亡。

桃树是浅根性、需氧量大的树种。土壤含氧量达到 10% 时，根系生长正常，达 5% 时，根系生长渐弱，达 2% 时，细根死亡。遵化市兴旺寨桃区土壤通气性好，丰润区储润丰果蔬种植专业合作社一带新栽桃区，

土壤为沙壤，通气性很好，所以桃树生长健壮，据田间调查（2015 年 9 月 14 日）；1 年生桃树生长健壮，主干粗度已长到 11~12.8cm，枝条平均生长量 70.8cm，花芽饱满，预示着 2016 年每亩产量可达 5000kg 左右。

五、酸碱度

桃树对土壤酸碱度（pH）的适应范围为 5.0~8.2，遵化基地 pH 为 6.3，在适合范围内。当土壤 pH 高于 8.2 时，因缺铁，易发生黄叶病，排水不良时，此病会更严重些。

第二节 生长习性

一、1 年生树

1. 总生长量

燕特红桃树势强壮，能多次发生副梢，萌芽力和成枝力均较强，形成树冠快。在遵化市兴旺寨乡缓坡丘陵地，2014 年春栽桃树，秋季（10 月份）调查，平均干周（树干中部）达 11.8cm，树高达 2.2m，冠径达 1.5m，侧生枝（枝组）达 19.1 个（表 2-1）。

表 2-1 孟庆春 1 年生燕特红桃生长情况（2014 年 10 月 15 日）

株号	干周/cm	树高/m	冠径/m		侧枝量/个	
			东西	南北	剪前	剪后
1	11.5	2.0	1.5	1.5	21	14
2	11.5	2.0	1.5	1.5	24	17
3	11.0	2.1	1.5	1.5	24	16
4	15.0	1.9	1.5	1.6	20	18
5	10.3	2.4	1.4	1.4	17	13
6	12.0	2.1	1.5	1.5	18	14
7	11.0	2.1	1.5	1.5	18	14
8	12.0	2.5	1.5	1.4	20	13
9	11.0	2.5	1.5	1.6	16	13

（续）

株号	干周 /cm	树高 /m	冠径 /m		侧枝量 / 个	
			东西	南北	剪前	剪后
10	12.0	2.4	1.5	1.5	19	14
合计	118.3	22.0	15.0	15.0	197	146
平均	11.8	2.2	1.5	1.5	19.7	14.6

注：行株距 2.5m × 1.5m，平地，能灌溉。

2015 年春，唐山市丰润区储润丰果疏种植专业合作社栽植 200 亩燕特红桃，土壤为沙壤土，管理较好，树势强壮。我们于 2015 年 9 月 11 日调查，结果与孟庆春园相近（表 2-2），平均干周 11.2cm，树高 2.29m，冠径 1.8~2m，10 个新梢平均长 70.8cm，树势偏旺，枝上花芽饱满，为 2016 年丰产奠定了基础（图 2-1）。

表 2-2 丰润区储润丰桃园定植当年燕特红桃生长情况（2015 年 9 月 11 日）

株号	干周 /cm	干高 /cm	树高 /m	冠径 /m		10 个新梢平均长 /cm
				东西	南北	
1	11.2	44.0	2.09	1.90	1.70	75.2
2	10.3	43.1	2.32	1.90	1.55	68.1
3	9.3	35.0	2.08	1.76	1.46	69.6
4	11.0	41.2	2.13	1.97	1.82	83.5
5	11.2	45.0	2.70	2.04	1.46	77.3
6	12.0	35.0	2.48	2.10	1.90	88.7
7	11.8	38.0	2.32	2.20	1.70	82.6
8	12.8	34.0	2.20	2.20	2.00	95.0
9	11.8	40.0	2.38	1.96	2.04	89.6
10	11.0	35.0	2.23	2.30	1.65	78.7
合计	112.4	390.3	22.93	20.33	18.28	708.3
平均	11.2	39.0	2.29	2.03	1.83	70.8

注：平地，沙壤土，管理较好。2015 年春定植，新梢粗壮，花芽饱满。

2014 年春，葫芦岛市连山区塔山乡西堡村刘国纯在旱坡地定植 200 株燕特红桃苗，因为土层薄，地力瘦，受到干旱威胁时间长，再加上梨小食心虫的危害较重，树体发育受阻，生长情况远不如上述两园（表 2-3）。

图 2-1　储润丰合作社燕特红桃树栽植当年生长情况

2. 树冠大小

在高密栽培条件下，最重要的是关注树冠大小，太大就产生交接，郁密缺光；太小，枝量不够，早期产量上不去。从表 2-1、表 2-2 看，第一年，树的冠径就已占满给它的空间，如孟庆春园为 1.5m（株距 1.5m），储润丰园为 1.8m 和 2.3m，超过株距，已现交叉。可在刘国纯园，冠径只有 0.84~0.88m，树冠尚未接触，还有发展空间。树高，平地可达 2.2~2.5m，旱坡地仅为 1.45m，均未达树形要求高度。

表 2-3　刘国纯桃园定植当年燕特红桃生长情况（2015 年 2 月）

株号	干周 /cm	树高 /m	冠径 /m		侧枝量 / 个
			东西	南北	
1	7.0	1.50	0.82	0.79	22
2	7.3	1.32	0.91	0.69	24
3	8.0	1.45	0.60	0.64	19
4	10.0	1.38	0.69	0.83	28
5	9.5	1.40	1.13	0.98	19
6	7.0	1.60	0.77	0.60	17
7	8.0	1.60	0.78	1.11	18
8	9.0	1.50	0.88	1.02	15
9	8.0	1.40	0.90	0.96	20

（续）

株号	干周 /cm	树高 /m	冠径 /m		侧枝量 / 个
			东西	南北	
10	9.0	1.37	0.88	1.13	20
合计	82.8	14.52	8.36	8.75	202
平均	8.3	1.45	0.84	0.88	20.2

二、2 年生树

燕特红桃不但生长快，而且成花又早又多，在进入结果和高产情况下，2 年生树树势依旧强壮有力，果枝（新梢）花芽饱满。

我们优先调查结果量大的 3 片 2 年生燕特红桃园。

1. 张旭刚桃园

（1）总生长量 2014 年 4 月 1 日定植 4.8 亩燕特红桃园，行距 2.2m，株距 1.5m，亩栽 202 株。各项管理技术到位，树生长健壮，2015 年亩产果量在 4500kg 以上的情况下，各项生长指标都是比较理想的（表 2-4），干周达 15.4m，树高达 3.31m，10 个新梢平均长 66.2cm，生长较旺，花芽质量好，预示着下年还能高产（图 2-2）。

表 2-4 张旭刚桃园 2 年生树生长情况（2015 年 9 月 6 日）

株号	干周 /cm	干高 /cm	树高 /m	冠径 /m		10 个新梢平均长 /cm
				东西	南北	
1	16.0	31.0	3.00	1.90	1.96	59.7
2	13.0	58.0	3.00	1.60	1.40	71.3
3	18.0	50.0	4.00	2.50	1.90	69.0
4	17.0	62.0	3.25	2.10	2.00	65.9
5	14.0	53.0	3.20	1.90	1.80	62.7
6	15.0	60.0	3.05	2.50	1.80	62.8
7	15.0	54.0	3.15	1.80	1.60	73.1
8	16.0	60.0	3.15	2.22	1.50	68.7
9	15.0	45.0	3.70	2.10	1.50	64.7

（续）

株号	干周 /cm	干高 /cm	树高 /m	冠径 /m		10 个新梢平均长 /cm
				东西	南北	
10	15.0	56.0	3.60	2.00	2.20	63.8
合计	154.0	529.0	331.0	20.62	17.66	661.6
平均	15.4	52.9	3.31	2.06	1.77	66.2

（2）树冠大小　由表 2-4 和图 2-2 可见，树高已达 3.3m，冠径已达 1.8~2.1m，可以说，已达到甚至超过树冠应有的范围，以后，树高应降到 2.5m 左右，冠径应减小到 1.5m 左右，否则，株间交接严重，行间难以通行。

图 2-2　张旭刚桃园 2 年生树行间状况

2. 果金柱桃园

2014 年春，果金柱建 6.5 亩燕特红桃园，栽植 1011 株，平地，行株距为 2.5m × 1.5m，亩栽 178 株，管理到位，在亩产 2500kg 条件下，树体健壮，枝条粗壮，坐果适量，花芽饱满，预示着 2016 年会获得 5000kg 以上的产量（表 2-5、图 2-3）。

表 2-5　果金柱桃园 2 年生树生长情况（2015 年 9 月 12 日）

株号	干周 /cm	干高 /cm	树高 /m	冠径 /m		10 个新梢平均长 /cm
				东西	南北	
1	14.4	56.0	2.55	1.70	1.50	49.1
2	14.4	49.0	3.20	1.85	1.70	56.6
3	15.0	48.0	3.10	3.00	1.60	62.0
4	12.0	53.0	2.87	1.70	1.75	66.7
5	14.0	47.0	2.57	1.90	1.70	68.6
6	13.0	42.0	3.30	1.70	1.50	67.4
7	13.0	43.0	2.73	1.50	1.45	58.4

（续）

株号	干周 /cm	干高 /cm	树高 /m	冠径 /m		10 个新梢平均长 /cm
				东西	南北	
8	11.0	42.0	2.27	1.30	1.30	63.9
9	12.0	45.0	2.37	1.60	1.46	72.1
10	16.2	46.0	3.60	1.68	1.50	58.8
合计	145.0	471.0	28.56	16.83	15.40	625.6
平均	14.5	47.1	2.86	1.68	1.54	62.6

（1）总生长量　在调查的 2 年生桃园中，其干周平均长位于中等，为 14.5cm，干高 47.1cm，10 个新梢平均长 62.6cm，属健康状态，果枝（新梢）花芽格外饱满（图 2-4）。

图 2-3　果金柱桃园 2 年生树生长情况

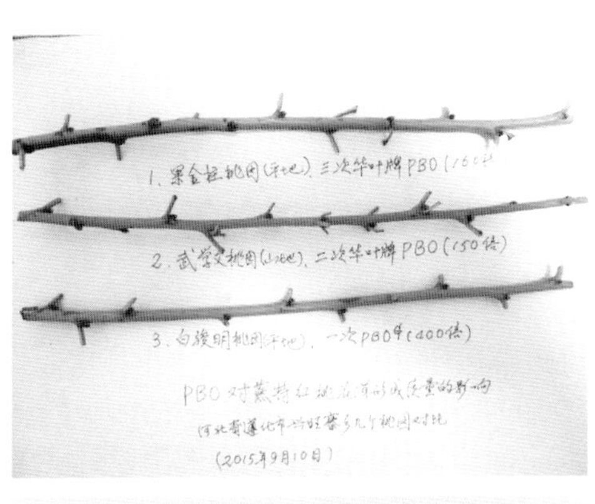

图 2-4　果金柱桃园果枝芽体饱满

（2）树冠大小　由图 2-3 可见，树冠比较紧凑，树高只有 2.86m，冠径 1.54~1.68m，株间已接近交接，行间空 1m 左右，风光条件还好，以后就要保持这种理想状态。

3. 孟海潮桃园

该园也于2014年春栽植，平地，可灌溉，面积9.7亩，行株距2.5m×1.5m，亩栽178株。在栽培管理上居上等水平。在2015年亩产3000kg的前提下，树体十分健壮，而且新梢偏旺，枝量较大（图2-5）。

图2-5 孟海潮桃园2年生树生长情况（2015年9月9日）

（1）总生长量 该园肥水条件好，树势最旺，干周平均达16.2cm，干高55.0cm，10个新梢平均长为71.5cm。枝条虽长，但花芽还饱满，预示着下年还会更丰产。

（2）树冠大小 该桃树树高3.36m，已处于超高状态。冠径1.89~1.64m，株间已严重交接，行间只有50~60cm，这类园，控冠难度较大，需要在修剪上和化学调控上下功夫了。

三、3年生树

3年生树，已进入高产期，树势基本稳定，我们调查了翟国合、王军、孙继云3片桃园，都有一定代表性。

1. 孙继云桃园

2013年春，孙继云在近20°的坡地上定植6亩燕特红桃园，共1100株，亩栽183株，在窄梯田面上，只栽1行树，土质不肥沃，土层中厚，桃树生长势中等，在连续几年里，用心管理，2014年开始结果，亩产超过1000kg。2015年9月6日，平均单株结果数为117个，株产35.1kg，亩产6423.3kg。在如此高负载下，树体生长中庸健壮，成为山地示范桃园。

（1）总生长量 干周代表全树总生长量，干周达到16.3cm，干高59.1cm，10个新梢平均长为47.1cm，处于中庸状态（表2-6）。

（2）树冠大小 由表2-6资料可见，3年生桃树树高已达3.16m，基本上已达到了该树形要求的高度（2.50~3.00m）。再高就不便于田间操作，树冠也郁闭了。冠径1.67~1.91m，株间已经交接或交叉，行间只有60cm左右了，因此，树冠不宜再大，应适当控制（图2-6）。

表 2-6　孙继云桃园 3 年生树生长情况（2015 年 9 月 6 日）

株号	干周 /cm	干高 /cm	树高 /m	冠径 /m		10 个新梢平均长 /cm
				东西	南北	
1	18.0	67.0	3.60	1.95	2.30	53.8
2	14.0	78.0	3.20	1.35	1.80	36.6
3	17.0	53.0	3.85	1.40	2.00	46.0
4	15.0	50.0	3.00	1.70	2.30	44.9
5	17.0	76.0	2.90	1.80	1.70	54.6
6	17.0	70.0	3.70	1.20	2.00	49.3
7	17.0	70.0	3.00	2.00	1.90	53.3
8	17.0	40.0	2.96	1.60	1.90	50.0
9	17.0	49.0	3.40	1.50	1.70	41.4
10	14.0	38.0	3.00	1.40	1.50	40.7
合计	163.0	591.0	31.61	16.70	19.1	470.6
平均	16.3	59.1	3.16	1.67	1.91	47.1

2. 王军桃园

王军桃园，也是 2013 年春定植，面积 4 亩，行株距 2.5m × 1.5m，亩栽 178 株，平地，可灌溉，园貌整齐，树体敦实、健壮，花芽形成好。平均株产桃果 99.7 个，亩产 5100kg。

（1）总生长量　该园管理细致，各项措施按时到位，全年用 PBO 控冠 4~5 次，枝不徒长，花芽饱满。干周长已达 17.5cm，干高 72.6cm，10 个新梢平均长为 59.1cm，树生长势中庸，2016 年亩产可达 5000kg 以上（表 2-7、图 2-7）。

图 2-6　孙继云桃园 3 年生树生长情况

表 2-7　王军桃园 3 年生树生长情况（2015 年 9 月 8 日）

株号	干周 /cm	干高 /cm	树高 /m	冠径 /m		10 个新梢平均长 /cm
				东西	南北	
1	16.0	64.0	3.00	1.4	1.30	63.0
2	16.5	75.0	3.20	1.4	1.20	42.9
3	18.0	74.0	3.30	1.4	1.40	63.9
4	18.0	70.0	2.80	1.7	1.60	62.6
5	17.0	69.0	2.85	1.4	1.20	51.1
6	18.5	61.0	3.70	1.6	1.25	57.7
7	17.8	76.0	2.80	1.6	1.30	63.2
8	15.8	78.0	3.00	1.6	1.40	57.0
9	17.7	83.0	2.90	1.6	1.60	62.8
10	19.9	76.0	2.70	1.4	1.70	54.0
合计	175.2	726.0	31.25	15.1	13.95	591.2
平均	17.5	72.6	3.13	1.51	1.40	59.1

（2）树冠大小　桃树高为 3.13m，已达要求高度，高度应控制在 2.5~3.0m 之间。冠径已够 1.4~1.5m，株间已接上，行间还留有 1m 距离（图 2-8）。以后的问题是如何维持 3 年生的树体状况。

图 2-7　王军桃园 3 年生树生长情况

图 2-8　王军桃园行间状况

3. 翟国合桃园

2013 年，翟国合在有灌溉条件下的平地，建立了 3 亩桃园，共 500 株。行株距也为 2.5m×1.5m，在亩产 5000kg 的情况下，树冠紧凑，行间可自由通行，通风透光条件较好（图 2-9）。

（1）总生长量　干周已达 19.5cm，在调查的 3 片果园中，是最粗的。平均干高 58.3cm。新梢平均长为 64.5cm，处于中庸偏强状态，2015 年亩产 5000kg 左右，果枝粗壮，花芽饱满，预示着次年产量会更好（图 2-10）。

图 2-9　翟国合桃园 3 年生树生长情况

图 2-10　翟国合桃园丰收状

表 2-8　翟国合桃园 3 年生树生长情况（2015 年 9 月 7 日）

株号	干周 /cm	干高 /cm	树高 /m	冠径 /m		10 个新梢平均长 /cm
				东西	南北	
1	21.0	47.0	3.30	1.53	1.30	58.8
2	19.0	59.0	2.80	1.44	1.33	73.2
3	21.0	50.0	2.93	1.35	0.96	55.7
4	18.0	72.0	3.20	1.20	0.90	59.6
5	17.0	70.0	2.74	2.95	1.03	65.4
6	18.0	52.0	2.94	1.04	1.13	71.4
7	22.0	63.0	3.30	0.91	1.10	62.9
8	18.0	57.0	2.92	1.10	0.92	75.9
9	21.0	60.0	3.00	0.94	1.00	56.3

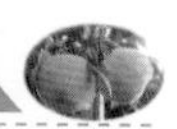

（续）

株号	干周 /cm	干高 /cm	树高 /m	冠径 /m		10 个新梢平均长 /cm
				东西	南北	
10	20.0	53.0	2.90	1.07	1.01	66.2
合计	195.0	583.0	30.03	11.55	10.68	645.4
平均	19.5	58.3	3.00	1.16	1.07	64.5

（2）树冠大小 树高已达要求高度，为 3m，冠径 1.07~1.16m，尚有发展空间，株间还有半米间距，行间尚有 1.5m 空间，整个桃园通风透光良好。今后的工作是如何保持这种状态。

4. 武学文桃园

该园定植于 2013 年春，是纯山地桃园，坡度在 20° 以上，道路难行。土质瘠薄，石块较多，梯田不宽，大部分树种在鱼鳞坑中，树的生长条件很差，但园主下功夫，将各项管理措施落实到位。全园面积 15 亩，株数 2200 株，平均亩栽 146.7 株（图 2-11、图 2-12）。

图 2-11　武学文山地桃园全景

图 2-12　武学文山地桃园生长情况

（1）总生长量 虽然环境条件较差，但经过认真管理，加强肥水供应等措施，燕特红桃树仍然长得不错，干周长已达 19.5cm，干高为 54.7cm，树高为 2.69m，10 个新梢平均长为 60.2cm，处于中庸健壮状态。果枝粗壮，花芽饱满，预示着次年还会取得丰收（表 2-9、图 2-13）。

（2）树冠大小 与同龄平地桃园相比，树体较小，树冠敦实健壮（表 2-9）。树高 2.69m，冠径 2.49~2.70m，树高已达树形规定高度，但冠径在平地已达封行状态，可是在山地，树体分布，不存在封行问题。从目前树冠和群体情况看，今后要限制树冠的继续扩大。

表 2-9　武学文桃园 3 年生树生长情况（2015 年 9 月 10 日）

株号	干周 /cm	干高 /cm	树高 /m	冠径 /m		10 个新梢平均长 /cm
				东西	南北	
1	19.4	62.0	2.51	2.32	2.90	58.1
2	17.0	52.0	2.71	2.85	2.60	63.9
3	22.0	50.0	2.86	2.30	2.60	58.6
合计	58.4	164.0	8.08	7.47	8.10	180.6
平均	19.5	54.7	2.69	2.49	2.70	60.2

四、4 年生树

在当地，栽植最早的桃园是燕特果蔬种植专业合作社社长杨宝存的桃园，该年龄树只有 15 亩，2012 年定植，已结果 3 年，树势健壮，结果量大，花芽质量好，预示着次年会继续丰产（表 2-10）。

图 2-13　武学文山地桃树树冠敦实紧凑

（1）总生长量　4 年生桃树平均干周达 19.4cm，干高 49.2cm，10 个新梢平均长达 63.0cm，树势仍较强旺，亩产可达 6500kg，枝条粗壮，花芽饱满，枝量较大，树冠茂密，风光较差，需调树势（图 2-14）。

表 2-10　杨宝存桃园 4 年生树生长情况

株号	干周 /cm	干高 /cm	树高 /m	冠径 /m		10 个新梢平均长 /cm
				东西	南北	
1	24.0	50.0	2.50	2.00	2.70	66.1

（续）

株号	干周 /cm	干高 /cm	树高 /m	冠径 /m		10 个新梢平均长 /cm
				东西	南北	
2	21.5	40.0	2.70	1.60	2.20	57.6
3	19.0	47.0	2.30	1.30	1.96	55.4
4	20.0	42.0	2.80	1.60	2.00	67.5
5	17.0	53.0	2.25	1.30	2.00	56.7
6	20.0	60.0	2.58	1.40	2.00	51.6
7	19.0	58.0	2.64	1.50	1.70	76.5
8	17.0	41.0	2.75	1.40	1.70	63.7
9	17.0	44.0	2.72	1.90	1.50	48.3
10	19.0	51.0	2.55	1.65	1.80	66.1
合计	193.5	492.0	267.9	16.05	17.66	629.5
平均	19.4	49.2	2.68	1.61	1.77	63.0

注：2014 年冬季修剪已落头。

（2）树冠大小　4 年生桃树经落头后，树高在 2.68m，接近理想高度，冠径为 1.61~1.77m，株间刚交接，行间还剩 1m 距离，不影响田间操作，通风透光条件还可以。今后的任务是继续保持原状就可以了。

图 2-14　杨宝存桃园 4 年生树生长情况

五、5 年生树

5 年生树，全合作社只有杨宝存家有 15 亩桃园，行株距 2.5m × 1.5m，亩栽 178 株，平地，可灌溉，在前几年结果量大的情况下，2015 年又喜获丰收，亩产 7000kg，创造了燕特红桃丰产新纪录。在如此高负载情况下，桃树仍生长健壮，花芽饱满，预示着次年会持续高产（图 2-15、表 2-11）。

表 2-11　杨宝存桃园 5 年生树生长情况（2015 年 9 月 9 日）

株号	干周 /cm	干高 /cm	树高 /m	冠径 /m		10 个新梢平均长 /cm
				东西	南北	
1	22.0	75.0	2.63	1.70	1.6	65.4
2	22.0	47.0	2.60	1.60	1.4	71.9
3	22.0	33.0	2.50	1.25	1.8	65.0
4	25.0	43.0	3.20	1.60	2.3	81.2
5	26.0	47.0	3.70	1.90	2.4	88.9
6	26.0	41.0	2.83	1.40	1.7	62.2
7	22.0	38.0	3.02	1.66	2.0	74.8
8	22.0	43.0	2.46	1.80	2.0	66.4
9	22.0	30.0	2.77	1.80	2.4	59.3
10	21.0	42.0	2.60	1.50	1.9	61.8
合计	23.0	43.9	28.31	16.21	19.3	696.9
平均	23.0	43.9	2.83	1.62	1.93	69.7

（1）总生长量　该园在连续 3 年高产的基础上，2015 年仍然高产，亩产可达 7000kg，但树势仍健壮，树冠丰满，干周长已达 23cm，干高 43.9cm，10 支新梢平均长达 69.7cm，树势仍健旺，花芽饱满，预示着 2016 年会继续高产。

图 2-15　杨宝存桃园 5 年生树生长情况

（2）树冠大小　5 年生燕特红树体已达足够大小。树高 2.83m，为适宜高度，冠径 1.62~1.93cm，株间已交接，行间还有 60cm 空间，今后的任务应该是控制树冠大小，特别是行间枝，注意疏、缩修剪。再一个问题是枝量过多，注意剪留一定枝量，侧生枝组一般不超过 30 个为好，低位枝（近地面 1m 以下的侧生枝），要逐年清理，这样枝量会逐年趋于合理。

第三节 结果习性

一、早果性强

（1）1 年生树 在许多新栽的燕特红桃园，经常能发现有个别单株结 2~3 个桃。当年可发出侧生枝 19.7~22 个，其上布满花芽，从基部第四、五节便可着生花芽，中部的为复花芽。

表 2-12 2 年生燕特红桃树结果状况（2015 年 9 月）

园名	单株果数 / 个										总果数 / 个	亩产 /kg
	1	2	3	4	5	6	7	8	9	10		
果金柱	97	74	75	70	74	95	33	94	86	108	836	2500
孟海潮	90	123	87	114	96	80	118	77	112	103	900	3500
张旭刚	126	74	81	93	122	112	79	109	63	96	965	4500

（2）2 年生树 都能开始结果，成为高产园，平均单株可结 80~96 个桃（表 2-12），亩产可达 2500~4500kg，这一成绩创造该品种最高纪录。2014 年，曾在于丽超的桃园发现一株 2 年生桃树，树高只有 1.5m，干周只有 11cm，竟然结 42 个桃，最小的有 500g 重，最大的有 650g 重，全株产量超过 20kg，觉得令人称奇。2015 年在上述调查园中，最高一株树可结桃 100 个以上，最多为 126 个，按每果 300g 计，单株最多可结 63kg，这在全国桃产区也是位于前列的（图 2-16）。

图 2-16 于丽超桃园 2 年生燕特红桃丰产状

（3）3 年生树 在当地众多燕特红桃园中，普遍进入高产期（表 2-13），产量多在 5000kg 左右。其中，孙继云桃园为 20° 陡坡园，土壤条件不太好，但各项管理很到位，尤其土、肥、水管理能按技术员要求，落实到位，所以创造了奇迹。

表 2-13　3 年生燕特红桃树结果情况（2015 年 9 月）

园名	单株果数 / 个										总果数 / 个	亩产 / kg
	1	2	3	4	5	6	7	8	9	10		
翟国合	131	97	109	131	101	102	109	102	124	112	1118	5000
孙继云	108	139	116	100	112	122	98	126	116	133	1170	6423
王军	93	121	89	62	112	104	98	104	111	103	997	5100

（4）4 年生树　该年龄树只有杨宝存一家。在 2014 年高产（亩产 5433.9kg）的基础上，2015 年又丰收，单株平均结果 132.2 个，亩产可达 6500kg，该桃品种长势好，连年高产性能强。

表 2-14　杨宝存桃园 5 年生燕特红桃单株果数与亩产（2015 年 9 月）

单株果数 / 个										总果数 / 个	亩产 /kg
1	2	3	4	5	6	7	8	9	10		
150	142	95	113	120	133	130	116	99	134	1232	6500

（5）5 年生树　杨宝存桃园 5 年生桃树，在连续 3 年高产的基础上，2015 年再创高产，据 2015 年 9 月 9 日调查，单株果数分别是 150、142、95、113、120、133、130、116、99、134 个，10 株树总果数为 1232 个，单株结果 123.2 个，亩产可达 6500kg（表 2-14）。从树体长势和枝条数量和花芽质量来看，2016 年将持续丰产（图 2-17）。

图 2-17　杨宝存桃园 5 年生燕特红桃丰产状

综上所述，燕特红桃的确是一个早丰、高产、高效的优良品种。1 年生苗上有花芽，当年便可结果（1~3 个），2 年生单株结果数 63~126 个，亩产在 2500~4500kg；3 年生单株结果数

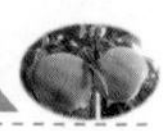

100~139 个，亩产在 5000~6423kg；4 年生单株结果数 95~150 个，亩产在 6500kg 上下；5 年生单株结果数 99~150 个，亩产在 6500kg，表现出连年稳产、高产特性。

该品种自花结实率高，没有授粉树也可取得丰产，当然有授粉树坐果更可靠些。

在果品质量上，该品种果个大而均匀，小果率极低，一般在 2.5%~5.7%，优质果率在 90% 以上（表 2-15），平均单果重 305~413g，可溶性固形物含量为 14.8% 左右。

表 2-15　杨宝存桃园 3~4 年生桃果质量（2014 年 9 月）

株号		干周 /cm	果数 / 个	果总重 /kg	单果重 /kg
3 年生树	1	21.0	85	25.0	294.1
	2	22.0	56	19.8	317.9
	3	20.0	59	29.8	505.1
	4	20.0	56	28.0	500.0
	5	24.0	60	30.0	500.0
	平均	21.4	63.2	26.1	413.0
4 年生树	1	20.0	95	29.8	313.7
	2	20.0	102	34.0	333.3
	3	22.0	112	35.5	227.7
	4	18.0	111	31.5	283.8
	5	19.0	81	22.8	281.5
	平均	19.8	100.2	33.6	305.4

二、采前落果轻

燕特红桃的另一优良特性是采前落果轻，正常年份无采前落果。在摘袋或摘叶过程中，会碰落一些成熟的果，但只有 8%~15% 的比例，如果手轻些，会减少这部分损失。

据 2014 年调查，杨宝存桃园，小果、残次果率较低，2 年生树为 5.1%，3 年生树为 5.7%；于丽超桃园 3 年生树只为 2.5%，实际上，每株树上的小果、残次果仅有 2~5 个，损失率极低，所以，全园商品果率高，售价高，效益好。

2015 年 9 月 15 日采收桃果，经中国农科院果树研究所栽培室实验测定，平均单果重 410.8g，最大果重 449.1g，纵径 89.5mm，横径 92.5mm，硬度 89kg/cm^2，可溶性固形物含量达 12.8%，含酸量达 0.19%，维生素 C 含量达 10.45mg/100g。

第三章 高标准栽植

第一节 栽植壮苗与园址、园地选择

一、栽植壮苗

（1）砧木 砧木为甘肃省毛桃，该砧木与燕特红桃品种亲和性好，没有大小脚现象，较抗根腐病。

（2）苗木 选用2年生一级苗，其标准是：苗高1.2m，嫁接口上10cm处，苗干直径0.8cm，有5~6条好的侧根，侧根长20~25cm，并附有大量须根。嫁接口愈合牢固，无损伤、劈伤、大块破皮现象发生。

二、园址、园地选择

1. 园址选择

根据目前掌握的情况看，燕特红桃适宜栽植区应在遵化市、唐山市、天津市（蓟县、武清区、宝坻区）、廊坊市等地发展，在辽宁省兴城市、葫芦岛市的连山区及绥中县等可以试栽。温度要求：年均温9.5~11.0℃。

2. 园地选择

（1）地势高燥

1）山地、缓坡地和台地：排水良好，通风透光，树体紧凑，病虫害轻，可实现优质栽培。

2）南坡或东南坡：桃树喜光，这里阳光充足，日较差大，有利于果实增糖、增色。坡地建园，应在修梯田后建园，坡度以20°以下为宜。

3）平地：应选地下水位在1m以下、排水通畅的地块栽树，栽树时应起垄栽培，并做好排水设施，以防水涝。

（2）土壤条件

1）沙壤土：这类土壤土质疏松、透气性好、土层深厚（如唐山市丰润区的储润丰果疏种植专业合作社桃园），最适合桃树发育。

2）黏重土壤：土壤透气性差、含水量大，不利于根系呼吸作用，雨季烂根严重、树势弱、裂果重，不宜栽植燕特红桃树。

3）含盐量高土壤：桃树不耐盐碱，当土壤含盐量超过0.14%时，不能栽桃树。含盐量在0.08%~0.10%时，桃树正常生长、结果；另外，土壤pH在6~8范围内可栽桃树（以pH=7为最佳区），pH超过8的地区，不宜栽植桃树，否则，黄化病严重。

第二节 规划设计

小桃园，三亩两亩面积，因地制宜确定行向、株行距等，比较简单。大桃园，几十亩、几百亩，甚至上千亩，设计不好，以后损失就大了。所以，一定要做好设计再建园。

1. 绘制平面图

根据实地测量，绘出平面地形图，同时，测试不同地块土壤养分含量，作为建园的重要参考。

2. 划分小区

为了提高土壤利用率，将建园地块划分若干作业小区，小者10~20亩，大者100~200亩。作业区的形状要因地制宜，山地、坡地与等高线相平行，小区长边与灾害性风相垂直，并与道路、水渠、防护林等相适宜。

3. 建道路系统

根据桃园规模、运输机具等因素，规划好道路系统，主路宽6~8m，支路宽4~6m，小路宽1~2m。

4. 修排灌系统

排灌渠道与主路、支路相结合，干渠深2~2.5m，支渠深1.5~1.8m，小水沟深1.2~1.5m。为了防止水淹，将树行起垄，垄高出地面20cm左右。

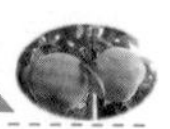

5. 留出建筑物空间

一般建筑物用地占全园土地面积的5%左右。建筑物包括办公室、药械库、药池、果库、包装场、肥料库、农机库等。办公室和库房在地势较高的主路旁边，包装场、药池建在作业区的中心位置，包装场应建在坡地下较好。

6. 防护林

无大风地区，不必栽防护林。在采收前后或开花前后风力较大地区，必须建防护林。防护林的防护范围：迎风面为林带高的5~10倍距离，背风面为林带高的25~60倍。

（1）主副林带 主林带宽8~12m，栽4~6行树；副林带宽6~8m，栽3~4行树。主林带行向与主要害风方向垂直。主林带间距300~400m，副林带间距500~800m。

（2）树种选择

1）乔木树种可选：毛白杨、沙杨、新疆杨、箭杆杨、水杉、皂角、楸树、枫树和白蜡等。

2）灌木可选：酸枣、桑树、花椒和枸杞等。

林带南面距桃树10~15m，北面距桃树20~30m。一般防护林顺道路、水渠栽植。

第三节 栽 植

一、定植前的准备

1. 改土

由于株距较小，只有1.5~2.0m，不宜挖穴，可用沟机直接挖定植沟，深、宽各50~60cm。在平地，要起垄栽培，垄高出地面15~20cm。

2. 施肥

每亩施优质农家肥4~5m^3，肥料要充分腐熟，与土拌匀，在沟中填到距地面30cm处，后填5~10cm表土，踏实或浇水沉实。在缺少腐熟的有机肥时，可选用龙飞大三元有机无机生物肥或蒙鼎基肥各2~2.5kg，与土充分混合放入沟中，距地面20~25cm处。

3. 苗木处理

（1）修剪苗木根系　剪齐主、侧根端毛茬，苗木副梢留 1 个次饱满芽重截，以利于均衡发枝。将苗按一级、二级、三级进行严格分级。

（2）浸根　将分级的苗木用药剂配成的水溶液浸 3h。用蒙鼎生物菌剂 1kg/ 亩 + 碧护 3g/ 亩，每克碧护兑 15kg 水，共兑水 45kg。为预防根癌病，可用 80% 乙蒜素 500 倍 + 庆大霉素 500 倍，浸根 4h。

二、高标准栽植

1. 拉线栽植

用此法定植，可保证树行纵、横、斜三个方向均成一条直线，园貌整齐壮观，特别是平地桃园。具体方法是：

栽前，在每行的两头、距定植点外 1m 处，各钉好 40~50cm 长的木桩，然后在两木桩间拉 1 条白线绳，绳子要拉紧，其他各行依次都拉 1 条白线绳。先用钢尺（100m）定株距，钢尺没有伸缩性，距离标准，再在地块两端，用钢尺钉好株距木桩。这时，从地头开始，两人拉紧一条与行线垂直的横线。一般 10~15 行为一单元。在横线与行线交叉点处栽树，在靠近地头的那面，左或右方，距拉线各 5cm 处，栽树，每行由两个人负责，一个人扶苗，一个人填土，当各组树都栽齐后，拉横线绳的两个人便向前移动横线到下一株。各组再开始栽第二株，以后，顺序栽到树行的那一端。栽完后，每一小区或一单元都自成一体。只要事先用钢尺测准株行距，钉好木桩，桃园便如同棋盘一般，即使有几十人、上百人栽树，也会有条不紊。

2. 按标准方法栽植

在栽苗过程中，先在定植穴的土墩上，舒展根系，边填土、边提苗、边踏实，让嫁接口与地面相齐或高出地面 5cm 左右（考虑到以后多施土粪等有机肥，会提高地面）。接着，在距树干 30cm 处，顺行修田埂，高 5~10cm，以利于浇水。有滴灌设施的桃园可不必修田埂。

3. 及时浇水施肥

浇水时，顺水加入金福牛根乐康（北京丰民同和公司提供）4kg/ 亩 + 恶霉灵 10g/ 亩，以杀灭土壤中有害病菌，促进根系发育。

4. 定干

壮苗，根系好、苗木粗、芽子饱满，可不定干；弱苗，应在饱满芽

处剪截定干，伤口处涂人造树皮，以防风干。

5. 插竿

待浇水渗下去后，在苗的北面插一竹竿，用粗绳按 8 字形缚直苗干，以防磨损树皮。

6. 套细长塑料袋

为了防止金龟子和大灰象甲危害刚萌发的嫩芽、幼叶，在苗干上半部套一个细长塑料小袋，仅需把下部扎紧，上部挖小孔通风。这可防虫钻入并能促芽早发。当芽子长出 3~4 片叶时，先撕开塑料小袋顶端透风，防止高温伤害。过几天，害虫为害期已过，则可解袋。

7. 铺地膜

顺树行铺 1m 宽聚乙烯薄膜，注意在树干与薄膜穿透处，堆一小堆土，防止膜下热空气灼伤树干。覆膜可以增温、保墒，促进早发芽、早展叶，提高成活率，一般成活率应该在 95% 以上。全园能达到“全、齐、壮”的要求，也为第二年丰产奠定基础。

第四节　栽后当年管理

一、4~5 月份

栽后半月左右，已到 4 月下旬，成活的苗干，开始发出嫩芽，不久就展开叶子。这时，要细致抹去树干上近地面 60cm 的全部萌芽，以利于上部有用芽的萌发。对距地面 60cm 以上的萌芽，可令其自然展叶抽枝，待梢长出 7~8 片叶时，将竞争梢摘心，中央延长梢千万不要摘心，让它直立向上生长，处于优势位置。

二、5~6 月份

（1）喷施肥　随叶量增加和病害渐重，喷 1 次杀菌剂（甲基硫菌灵或氟硅唑 800 倍液），要求在上午 9 点前和下午 4 点后喷施。

（2）地面追肥浇水　每亩追施尿素 5kg，每株穴施 4 个点，深 20~25cm，离树干 30cm 远，以免烧根。追肥 2~3 天后浇水，有利于发挥肥效。

（3）防治病虫害　5 月下旬 ~6 月上旬间，重点是防治蚜虫和梨小食心虫，喷 20% 啶虫脒 4000 倍液 +28% 甲氰 · 辛硫磷 1500 倍液 + 微肥或磷酸二氢钾或 M-JFN 原粉 1000 倍液（美国产）+20% 叶枯唑 1500 倍液。

三、6~7 月份

随天气酷热，湿度增大，病虫害加重。喷 25% 灭幼脲 1500 倍液 +1.8% 辛菌胺 400 倍液或“锐利 3000”1000 倍液。壮、旺树加喷 150~200 华叶牌 PBO150~200 倍液，以利于控梢促花。若控不住，15~20 天再喷 1 次。

6 月下旬，为促进新梢健壮生长，每亩施龙飞大三元有机无机生物肥或蒙鼎基肥各 50kg，距树干 30cm，分 6~8 个点土施，深度为 20~30cm。

四、7~8 月份

进入 8 月份后，天气炎热，枝条徒长，一定要再打 1 次 150~160 倍液的华叶牌 PBO。同时，喷布 1 次钼肥（艾花硼 1000 倍液），以利于成花和枝条成熟。随时疏除主干近地面 60cm 以下的萌蘖。

五、8~9 月份

此期正值施基肥的好时机，土壤温、湿度适宜，断根愈合快，还能发出新根，有利于多吸收营养和幼树安全越冬。

（1）1 年生树　每亩施 120kg 龙飞大三元有机无机生物肥 + 腐熟有机肥 5m^3 或 200kg 蒙鼎基肥。先于株间挖长 1m、深 25~30cm、宽 40~50cm 的沟，肥土拌匀，3 天后浇水。

（2）2 年生树　每亩施 150kg 龙飞大三元有机无机生物肥 + 腐熟有机肥 6m^3 或 250kg 蒙鼎基肥。施法同上。

（3）3 年生树　每亩施 250kg 蒙鼎基肥或 200kg 龙飞大三元有机无机生物肥。施肥沟顺行挖，沟深 30~40cm，宽 40~50cm。施法同上。

（4）4~5 年生树　每亩施龙飞大三元有机无机生物肥或蒙鼎基肥 400~500kg。

六、10 月份

喷 1 次 0.2% 尿素 +“锐利 3000”1000 倍液，增加树体贮藏营养，以利于树体、枝芽安全越冬。

七、11 月份

此时期的桃树已开始落叶，进入休眠状态。视土壤墒情，浇冻水。为防止抽条发生，全树喷 1 次防冻剂，持效期达 2 个月左右。

第四章 土壤管理

第一节 清 耕 制

一、清耕制的优缺点

1. 优点

1）适于干旱地区桃园：能保持桃园土壤疏松，避免草树争水、争肥、争阳光，保持桃园整洁。目前，燕特红桃大部分桃园仍沿用此制度（图 4-1）。

2）保水性好：中耕除草过程，可切断土壤毛细管，防止水分上升，是抗旱保墒的传统办法。

3）地温上升快：春季中耕除草，使土壤接受阳光面积大，温度上升显著，桃树发芽早，这对无晚霜地区是个良好的措施。

4）更适于地势平坦、土壤较肥沃的桃园：这种桃园产量、质量均较好。

图 4-1　桃园行间清耕状态

2. 缺点

1）费工费力：一般一年里清耕除草要进行 3~5 次，每亩每次用 1~2 个工，每工每日要花 80~100 元的工资，总共需要花 800~1000 元，对园主来说是个沉重的负担。

2）影响田间作业：中、大雨后，

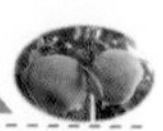

2~3 天内田间泥泞，不能及时进园，影响喷药、夏季修剪、套袋等操作。

3）土壤板结：长期清耕，土壤因缺少有机质补充，土壤结构受到严重破坏而变得板结，不利于丰产、优质。

综上所述，在密植桃园，不提倡实行长期清耕制，应转为生草制或覆盖制。

二、操作方法

（1）早春 地温上升后，根系开始活动，逐渐进入第一次根系生长高峰期，浇水后浅耕（5~10cm）1 次，起到增温保墒的作用。

（2）果实硬核期 根系生长缓慢，地上部新梢进入旺长期，为防止伤根太多，只进行浅耕除草。

（3）8~9 月份 正值雨季，杂草生长较旺盛，只除草，不中耕松土，有利于水分蒸发。

（4）秋季采后 结合施基肥，深翻 20~30cm，断根后，土壤温湿度合适，伤根易愈合并促发新根，但深翻时，切记伤切大粗根（直径 1cm 以上）。

第二节 生 草 制

生草制是世界各国普遍采用的土壤管理制度，我国近年也开始采用。

一、生草制的优缺点

1. 优点

1）保持水土：生草果园能有效减少山地、坡地水土流失，草根密集，根死亡部分变成有机质，增加土壤团粒结构，更能蓄水保墒。

2）培肥地力：生草后，土壤有机质含量每年增加 0.1%，5 年增加 0.5%。生草刈割后，亩产草量 1000~1500kg，相当于施入 2500~3000kg 优质圈肥，而且不需人车搬运费用。若行间种植白三叶草等，其固氮能力为 10~13kg/ 亩，相当于亩施尿素 2~2.9kg。有机质含量与对照（未种植白三叶草的桃园）比，增加 159.8%。生草区团粒结构好，有效养分多，从而减轻缺钙症和缺磷症等生理病害。

3）节省中耕除草用工开支：生草后，再不需费力的中耕除草。据估计，生草4年，其生产费用减少13%左右。由于地面有草层覆盖，雨后叶干时，便可在行间开动机器打药和进行其他作业，不误农时。

4）饲养害虫天敌：生草桃园，树上打药时，害虫天敌便可躲藏于草层中避难。据有关调查，生草园中的中华草蛉、丽小花蝽、微小花蝽、食蚜蝇、瓢虫、食蚜螨等，有利于生物防治，减少农药污染。

5）优化果园微域气候：由于有草覆盖，土层夏季不热，冬季不冷，有利于根系发育。据渭北旱源资料，三叶草层下，冬季地表温度增加1~3℃，5cm土层增加2.5℃左右，20cm土层增加1.5℃左右。而夏季温度分别降低5~7℃、2~4℃和1.8℃。据多地测定资料，生草区比清耕区夏季温度低5~8℃，有利于果实着色；冬季温度却高1~3℃，有利于桃树安全越冬。

6）增添桃园美景：近年随人民生活水平的快速提高，旅游观光桃园层出不穷，人们看到桃园里修剪过的草层一片，像天然绿地毯铺在行间，人们走在行间有一种松绵之感。春季桃花盛开，粉红桃花象征吉祥富贵，令人陶醉，乐在其中；秋季红艳艳的硕果，香气袭人，一饱口福，让人心旷神怡。果园生草充分体现桃园的水平。

7）增产、优质：根据国外22年生草试验资料，开始的几年里，生草区与清耕区产量差不多，后期则树势好，增产30%左右，而且生理病害（钙、硼元素）轻。

2. 缺点

1）刈割不及时的情况下：草长高了，会影响树冠下层的通风透气，同时也会发生草树争光、争肥、争水的矛盾。

2）需要用机械刈割：刈割行间草层是一项费劳力的作业，用人工刈割效率低，劳动强度大。小面积可能按时完成作业；大面积桃园必须利用机械刈割。手持小型割草机，一人一天只能割5~6亩草层；若用拖拉机割，一人操作，每天可刈割50~80亩。

3）土壤硬结：生草多年后，常因草根密挤而造成表层板结，影响土壤透气、透水性。生草7~8年后，必须耕翻1次。

4）根系上翻：生草后，由于有草覆盖保护，桃根系容易上翻，在严重干旱和寒冬时，也会受到伤害。

5）生草后，也会给部分桃树病虫害造成潜伏场所。有时，会招致兔、鼠危害。

6）覆干草的草层上，应零星压些土，以防火灾和风吹。

二、生草方式

1. 自然生草

这是一种最简化的生草方式，即留下桃园里自然生长的杂草（早熟禾、灰菜、苋菜、蒲公英、苦苣菜、马齿苋、小旋花、刺菜等），待草高达25~30cm时，进行刈割，留茬高度7~8cm，以保持杂草的再生能力。刈割下来的草，可随撒行间，也可搜集起来，堆撒到树盘或树带内，起到覆盖作用。为了促进行间草层的生长，在即将下雨前，往草层上撒些氮素化肥，这叫以无机换有机，目的是让草长得越茂盛越好。在9月份，燕特红桃采收前，将草层再刈割1次，留茬7~8cm，一是方便摘袋、摘叶、采果等作业，二是利于草层越冬（还能生长一段时间），三是防止冬季干草引起火灾（图4-2）。

图4-2　果金柱桃园2年生树采前刈割草层

2. 人工种草

（1）行间种油菜　在幼树或行间较宽的条件下，春、秋可于行间种植油菜，但以不影响桃树生长为度。当油菜开花结籽前时进行刈割，将绿色体覆于树带或树盘内，压些土，以利于腐烂。油菜刈割后，不挖出根系，立即硬茬点种黄豆、黑豆或绿豆，待这些豆类开花结荚初期进行刈割，覆盖于行上或树盘内，上面压些土，以防火灾。这种做法适于山地灌溉条件差、肥源不足的地块桃园。

（2）行间种草

1）草的种类：单一草种可选黑麦草、紫羊弧茅草、三叶草（红、白两种）等；复合草种，如“三草合一”，即行间种百喜草、株间种白三叶草与多年生黑麦草。“三草合一”方式适合于缓坡地桃园。

2）播种期：以三叶草为例，春播在3月中、下旬，气温稳定在15℃

以上；秋播在8月中旬~9月中、下旬，这时期土壤墒情好，杂草生长弱，三叶草出苗好。多年生黑麦草宜采用秋播（9月中旬~10月上旬）；百喜草和雪里蕻以春播为宜（3月中旬~4月上旬）。

3）播种量：按亩播种量计：白三叶草为0.5~1kg，多年生黑麦草为1~1.7kg，百喜草为1.7kg，雪里蕻为0.7~1kg。

4）整地、播种：播种前先整地耙平，打碎大土块，并每亩施入50~70kg磷肥、75kg尿素。然后，在播种前1天用50℃左右的水浸种，边搅动，边倒入种子，直到室温为止。浸种8h后，捞出晾干，即可播种。播种时，先把种子与适量细沙混匀撒于地表，耙入土中，覆土0.5~1.5cm。春季用条播，行距20~30cm；秋季以撒播为好。草带应控制在离树带40cm左右，以便留出施基肥带。

5）苗期管理：出苗后半个月，勤拔田间杂草，并每亩施尿素4~5kg，全年亩施尿素15~20kg，方法可用冲施、撒施或叶喷。成坪后应保持土壤湿润状态。

6）刈割与翻耕：方法同自然生草。

第三节 覆盖制

20世纪30~40年代，国外已开始采用桃园覆盖栽培，我国近30年也逐步推广覆盖制。该制有两种：覆盖有机物、覆盖地膜和银色反光膜。

一、覆盖有机物

果园覆盖有机物资源丰富，种类繁多，除果园刈割下的草外，还有各种作物秸秆、杂草、树叶、糠壳、锯屑等，其中，以麦草、野草、豆叶、树叶和糠壳等效果较好。当地有大量玉米秸可切成小段或打成糠再被利用。

1. 优缺点

（1）优点

1）扩大根层分布范围：覆草后，将表层土壤水、肥、气、热和微生物五大肥力因素不稳定状态变成最适态，诱导根系上浮，可以充分利用肥沃、透气的表层养分和水分。据甘肃省天水市林业局康士勤在麦积区伯阳镇的试验（1994—1996年），7~8年生桃园覆草后，根系分布层厚度

为 0~40cm，对照区为 0~25cm，覆草区吸收根量比对照区多 100 余倍。

2）保土蓄水，减少蒸发和径流：覆草后土壤含水量明显增加，除特大暴雨外，雨季不会产生径流。据山东多点试验统计，鲁中山区丘陵地带，年降雨量 800mm 左右，年蒸发量 400~500mm，径流 200~300mm，就是一年降水基本都被蒸发流失掉。覆草后，蒸发和径流失水减少 400~500mm，让 0~20cm 土层土壤含水量常年稳定在 13%~15%，可基本满足果树的需求。

3）稳定地温：覆草层对表土层具有隔光热和保温、保墒作用，缩小了表层土壤温度的昼夜和季节变幅，从而避免白天阳光暴晒让土表过热（35℃以上）而灼伤根系，同时，也减缓了夜间地面散热降温过程，让地表温度变化不大。另外，覆草区早春土温上升慢，物候期推迟几天，有助于躲过晚霜危害。例如，在 10 月 29 日，清耕区地表温度已降到 2.3℃，可覆草区仍维持在 9℃，5~8 月份覆草区地温（5~20cm）稳定在 20~28℃，有利于根系活动。

4）提高土壤肥力：首先是有机质含量的增加，每亩覆草 1000~1500kg，相当于增施 2500~3000kg 优质圈肥。若连续覆草 3~4 年，可增加活土层 10~15cm。覆盖物下 0~40cm 土层内，有机质含量达 2.67%，比对照园相对提高 61.1%；0~20cm 土层内，有机质含量增加 1 倍多。据资料显示，覆草园微生物活动旺盛，氮、磷、钾含量比对照区分别增加 54.7%、27.7% 和 28.9%。

5）除草免耕：节省除草用工 7~8 个 / 亩，节资 700~800 元，可购买 500kg 麦草。

6）有利于土壤中动物和微生物的活动：覆草园土壤中的水、肥、气、热适宜稳定，为土壤中动物和微生物创造了良好环境。腐烂的草变为腐殖质，淋溶到下面土层中，为蚯蚓、蚂蚁、蠕虫、昆虫幼虫（金龟子等）提供了饲料，它们的活动起到了穿松土壤、混合有机与无机物的作用，形成纵横交错的通道网，从而增加了土壤的通透性。在微生物的作用下，草迅速腐烂、分解，产生大量的二氧化碳，有助于增强叶片的光合作用。土壤中真菌、细菌、放线菌和原生动物是以有机质为食物和能源的，自然形成大量腐殖质，有利于增加土壤团粒结构。

7）防止土壤泛盐：覆盖后，地面蒸发水分少，因而减少了可溶性盐分的上升和凝聚，盐害减轻。

8）减轻落果摔伤：在桃果摘袋、摘叶或采收过程中，碰掉的即将成熟的桃果，几乎占全树产量的10%~15%。地面上有草层覆盖，一般不会摔伤或轻微摔伤，从而提高了桃果完好率和经济效益。

9）减轻某些病虫害：据山东省3万多处覆草果园的调查，没有一处果园因覆草而造成病虫害加重的情况。相反，桃小食心虫、蝉等害虫大为减少，原因是桃小幼虫生活的土温、湿度和光照等环境发生了根本改变。

10）增加耕地，减少污染：农村作物秸秆很多、堆垛占地，一是占好地太多，同时还会增加火灾危险。清理这些秸秆，可以改善居住环境。

（2）缺点

1）覆草园表层吸收根大增，对丰产、优质十分重要。但覆草不能间断，否则，表层根会受到严重损害。切忌春夏覆草、秋冬揭草，冬春也不要刨树盘。

2）覆草地表暂时缺氮，需增施氮肥。

3）覆草园的鼠害和晚霜也略有增加趋势。有霜冻地区，早春应扒开树盘覆草，让地面增温。待温度升高后，再将草被复原。

4）较长的玉米等秸秆，要铡碎或打糠后使用，否则效果不佳。铺有机物的厚度需达20cm，否则起不到覆盖保墒作用。

5）覆草时，距树干20cm内不覆草，树盘或树带做成内高外低，以免积涝，且可防止田鼠啃树皮。

6）低洼地或黏重土桃园覆草，易引起烂根死树，不建议覆草。

7）覆草后，不少病虫害栖息覆草中，应向草层上喷药。秋季落叶后，应清理枯枝、病叶，减少病虫基数。

2. 覆草前的准备

1）精细整地，修好梯田。整平地面，深翻30~40cm，在沟内填些有机物，与表土掺均，修盘浇水，再在地面上均匀覆草。

2）土层深厚、土质疏松的桃园，一般不需深耕，整平地面便可。

3. 覆草种类和数量

（1）种类　有杂草、山草、作物秸秆、碎柴草等。春季覆干草，夏季覆绿草。

（2）数量　树盘或树带亩覆干草1000~1500kg，绿草2000~3000kg；全园覆草，每亩覆干草2000~3000kg，鲜草4000kg。如果只覆树盘，草量只为全园的1/5~1/4就够了。

4. 注意事项

1）幼龄桃园，宜在树盘或树带覆草，密闭和行间不耕作桃园应全园覆草。

2）草量合适，厚度以 15~20cm 为佳。太厚，用草量大，且地温提升慢；太薄，起不到保温、保墒作用。

二、覆盖地膜、银色反光膜

1. 优缺点

（1）优点

1）提高新植幼树成活率：苗木栽后浇水，覆 $1m^2$ 地膜，栽植成活率比对照提高 10%~20%，一般可达 90% 以上。

2）省水、省工：定植幼树，立即浇透水，再覆地膜。以后的 1~2 个月中，不再需要浇水和中耕。每亩浇水节省 $300~400m^3$，省工 4~6 个，从而降低管理成本 600~700 元。

3）保温、增温：覆地膜后，地温提高 0~4℃，20~40cm 土层地温达 19.5~22.6℃，适宜根系稳定发育。

4）保墒：据多点试验资料显示，覆地膜后（4 月 17 日 ~8 月 28 日），果园土壤含水量平均提高 4%，最高可提高 12% 左右。这项措施在干旱地区尤为适用。

5）改土：覆膜区可降低土壤容重 $0.054g/cm^3$，孔隙度增加 4.67%，速效氮增加 13~17mg/kg，速效磷增加 1~2mg/kg，速效钾增加 80~95mg/kg。

6）增加着色度：桃摘袋后，行间或树下铺银色反光膜可增加着色，提高果品质量（图 4-3）。

7）防草防虫：地膜可抑制杂草生长，并有防治桃小食心虫的效果。

（2）缺点

1）增加生产成本：幼树栽培每株树下覆 $1m^2$ 地膜，或顺行间覆膜，每亩投资 20~30 元。但在结果桃园，行间铺银色反光膜，每亩投

图 4-3　翟国合桃园行间覆盖银色反光膜

资 150 元左右，面积大了，总投资增加不少。

2）早春覆膜后，萌芽开花提前，易遭晚霜危害。

3）大量使用地膜，易造成土壤白色污染。地膜不用时，要清理干净，以免风吹，满天飞舞。

4）土壤有机质矿化率高，营养成分降低快，要充分供应有机生物肥。

2. 覆膜方法

定植后，在树盘 $1m^2$ 面积上覆地膜，由上而下，将膜盖在地面上。在膜与苗木交接部位，培一小土堆，以防膜下热空气灼伤苗干，造成死树现象发生。膜四边用土压严，防止风吹。摘袋后，在树下或行间铺长幅银色反光膜，两头拉紧，隔一定距离拉绳或用木棍压严，防风吹鼓。采收前，细致清理反光膜上的树叶、新梢、石块、灰尘，然后卷起，留下年用。

第五章

肥水管理

第一节 施　肥

一、桃树需肥特点

1）对氮、磷、钾肥的吸收比例为 10:（3~4）:（14~16）。每生产 100kg 桃果吸收氮、磷、钾的量分别为 250g、75~100g、350~400g。

2）需钾量最多，其吸收量是氮量的 1.4~1.6 倍。吸钾量以果实最多，叶片次之，果、叶吸收量约占全树吸收量的 91.4%。钾素的充分供应是桃树优质、丰产的基础。

3）需氮量较多，仅次于钾，且反应敏感，叶片吸收氮量约占全树吸收量的一半。所以，保证氮素供给也是壮树、丰产的关键。

4）需磷、钙量也较多，与氮吸收量的比值分别为 10 :（3~4）和 10:20。叶片、果实吸收磷素多。钙在叶片中的含量将近总吸收量的一半。而且，钙很难从叶片流向果实，果实钙少了，容易出现果顶和缝合线先软，不耐贮运。

5）各器官对氮、磷、钾三要素的吸收量是有差异的。以氮素为基准，其比值是：叶为 10 : 26 : 13.7；果为 10 : 5.2 : 24；根为 10 : 6.3 : 5.4。

6）营养运作方向：一是同侧运输，即根系吸收的营养优先转运到同侧的枝叶中去，据此，在弱主枝下方的根系补充营养，有利于弱枝转强，平衡树势；另一是水平根与垂直根供应地上部有分工性，即水平根吸收的营养优先供应同侧的下层枝叶中去，而垂直根吸收的营养优先运转到树冠顶部的延长枝叶中去。

二、施肥种类

1. 基肥

基肥即桃园基础性肥，其中包括堆沤肥、秸秆肥、绿肥、土杂肥、饼肥、海肥、腐殖酸肥、城镇垃圾（无害化处理过）、沼气肥等，但这些肥料必须是经过腐熟的。这类肥料营养全面，可以培肥地力，优化土壤的水、肥、气、热及微生物状况。对桃园提倡以有机肥为主，化肥为辅的施肥制度。最近10年中，生物有机肥发展迅速，对桃园来说是对传统施肥的一次革命。在遵化市兴旺寨乡桃区，普遍推广两种生物有机肥，即龙飞大三元有机无机生物肥和蒙鼎基肥。

（1）龙飞大三元有机无机生物肥 该肥料由河南省三门峡龙飞生物工程有限公司生产。

1）技术创新特点：

① 三肥三效：将养分全、肥效长的有机肥和养分含量高、见效快的无机肥及活化土壤的生物菌群结合在一起，缓急相济，优势互补，省工、省力、效果好。

② 有益菌群多：包括固氮菌、根瘤菌、释磷菌、解钾菌、芽孢杆菌及放线菌等26种抗菌菌株，可提高植株的抗病能力，释放被固定的养分，改善土壤团粒结构，提高土壤肥力。

③ 释放效果好：该肥包括黑白两种颗粒，白粒为氮磷钾及部分微量元素，黑粒为有机生物颗粒和生物菌，这两种颗粒外面都包一层高分子生物膜。其优点是控制养分缓慢释放出来，不但能防止枝条徒长，还能避免化肥杀死生物菌。这是多种生物有机肥中比较独特的肥种。

2）产品功效：

① 增产：一般果树可增产15%~30%。

② 提质：单果重增加29.6%，可溶性固形物含量增加1.5%，花青苷增加20.4%。

③ 肥地：促进土壤团粒结构的形成，保水保肥，抗旱耐涝，根系发育好（图5-1）。

④ 抑制病害：减轻土传病害和生理病害。

⑤ 提高肥料利用率：一般可提高肥料利用率15%~50%。

⑥ 降农残：有益菌可加速土壤中农药的降解，降低重金属的毒性和

残留，保证桃果更安全。

⑦ 减轻再植病：再植病在大型桃产区随处可见。2015 年 9 月，在北京平谷区看到一片新栽桃园，发育不好。植株矮小瘦弱，其高度、枝量、枝长不及正常树的一半。经询问，原因就是再植病导致。生物有机肥在定植树时施入，可克服这种病害。

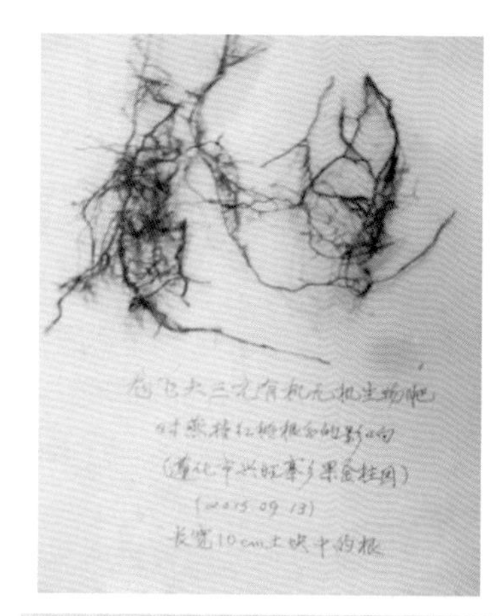

图 5-1　施龙飞大三元肥发根状况

3）施肥时期及施肥量：

① 幼树和晚熟品种：8 月上中旬每亩施肥 30~50kg（无机养分粒 N18-P12-K15 型）。

② 成龄树提倡施 3 次：

3 月中旬，每亩施肥 90~120kg（N28-P10-K7 或 N22-P10-K13 型）。

6 月上中旬，每亩施肥 60~100kg（N18-P12-K15 型）。

8 月中旬 ~9 月底，每亩施肥 60~100kg（N28-P10-K7 或 N22-P10-K13 型）。

4）施肥方法：一般采用穴施、条沟施，深度 30~40cm，将沟内土壤与肥料充分混匀。

（2）蒙鼎基肥　由北京丰民同和国际农业科技发展有限公司生产。该肥料科学复配优质腐殖酸、生物有机质、有益微生物及大中微量元素、活性生物因子等养分，是果树营养套餐，可彻底取代各类农家肥，肥效长达 220 天，是十分难得的肥种。

1）肥料功能特点：

① 免深耕：疏松土壤，提高地温，平衡土壤中营养，其缓释作用可持续、均衡地为果树提供养分，且生根快，施肥区根系密布（图 5-2）。苗木栽后，缓苗快、生长正常。

图 5-2　果金柱桃园施蒙鼎基肥区桃根密布

② 活性强、防死苗、烂根、高抗重茬、抗逆、抗旱、抗寒、防早衰、促早熟。

③ 活化土壤、调节酸碱平衡，促进有益菌繁殖，能分解多种营养元素，有效降低土壤盐分，改良土壤，提高肥料利用率。

④ 配合各类化肥使用，省工、省力，降低成本。

2）施肥时期与施肥量：

① 幼树、初果期树：秋季（8~9 月底），每株施蒙鼎基肥 5kg+ 三元复合肥 2kg+ 蒙鼎生物复合菌剂 100g。将肥料与土壤充分混匀后，施入施肥沟内，回填土、浇水。施肥沟位于株间或行间离树干 1m 左右处，沟宽 20~30cm，沟深 20~30cm。

② 盛果期树：每株施蒙鼎基肥 5~8kg+ 三元复合肥 2kg+ 蒙鼎微生物配肥复合菌剂 100g。在树冠投影下，离树干 1.5m 处往外顺行挖沟，沟深 30~40cm，沟宽 20~30cm。将肥料和土拌匀，施入沟中，后覆土、浇水。

2. 追肥

（1）蒙力 28 高级果树专用肥　由北京丰民同和国际农业科技发展有限公司生产。该肥是根据果树生长发育需求特殊配置的，选用国内外精品原油腐殖质、黄腐酸、稀土、氨基酸，以及锌、铜、铁、硼、钙、镁等中、微量元素为基料，科学复配新型果树生物调节剂及进口抗逆营养生长粒子物质，利用新技术螯合而成，具有活性高、渗透性好的特点，使营养加速通过皮层、木质部的薄壁细胞，促进髓部细胞对营养的吸收，对树萌芽、展叶、开花、坐果、果实膨大、抽梢生根等生长过程的完成，对产量和质量的提升，均起到明显促进作用。

1）涂干、喷干：1 桶（10kg）蒙力 28 可涂、喷 200 株幼树树干，40~50 株大树树干。具体做法是：

第一，花芽萌动期：用 10kg 蒙力 28+200g 甲基硫菌灵，兑水 10kg，涂、喷树干高度 1m 左右（地面上 10cm 至基部大分枝处），喷干比涂干效率高。每天可喷树干 3~4 亩园，其作用是开花整齐，坐果好，并兼治腐烂病和干腐病等。

第二，花期前后：涂、喷树干方法同上，可有效提高花朵坐果率，增强树势，防治腐烂病等。

第三，桃果采后至落叶前半个月，再用同法涂、喷树干 1 次，起到快速补充营养、改善花芽质量、提高枝条成熟度的作用，有利于防止树

体霜冻危害。

2）根注：当气温高于25℃时，不要再用涂、喷法，应改用施肥枪根注法，即用药泵，通过管道，将蒙力28加100~200倍水，注入树下土壤中，深约15cm左右，大树扎6个孔，小树扎4个孔。每孔大约停顿时间是4s，2h可完成1亩桃园的根注任务。

3）冲施：可顺水冲施，也比较省工。但因其渗入土壤深处，需要有个过程，效果不如根注。每次冲施大约每亩需蒙力28 10kg。

4）注意事项：

① 涂、喷高度必须达到1m以上。

② 幼龄桃树，树皮薄而嫩，使用蒙力28时，必须兑1倍水，否则，易灼伤树皮。涂喷时，不要触及叶片和芽苞上。

③ 当年的剪锯口，应先涂抹伤口保护剂（如人造树皮等），然后再涂、喷蒙力28，以免灼伤树皮。

④ 气温超过25℃时，不宜再涂、喷树干，应改为地面冲施或根注。

（2）金福牛718液肥　是北京丰民同和国际农业科技发展有限公司生产的追肥新品种。它是以JFN原粉与优质黄腐酸及天然抗逆生长营养物质螯合而成的。

1）功效特点：

① 渗透快：对生理性小叶、卷叶、黄叶、矮化等有明显的预防效果，对保花、保果、膨果、着色、增甜、增产有显著效果。

② 提高授粉质量，促进细胞活力。

③ 与杀虫、杀菌剂混用，增强渗透性，提高药效。

④ 对冻害、病害、药害具有极强的排毒解害作用，使果树迅速恢复生机。

2）使用方法：叶面喷施，每瓶加水150~200kg，可喷桃树1~2亩园。

3）注意事项：不能与铜制剂混用，宜在阳光不强烈时喷布（上午9点前，下午4点后），喷后4h遇雨应补喷。

（3）高钙高　属北京丰民同和国际农业科技发展有限公司生产的汉姆红运系列。本品为高活性螯合态钙，每升含钙高达170g，易于吸收利用，直达树体需钙组织。可与多种中性农药混用，桃树上可用于缺钙症（如软沟、顶软症）。

1）主要作用：

① 增加果实硬度，提高贮藏性，延长贮藏期。

② 增强果实抗病虫能力，减少农药用量。

③ 减少果实缺钙症，增产增质。

2）使用方法：本品兑水 1500~2000 倍，叶面喷施。坐果后，桃树应喷 3~4 次，每次间隔 10~15 天。

（4）叶面喷肥　其作用是增大增厚叶片，提高坐果率，提高果品质量，减轻各种生理病害，促进枝条成熟，丰产稳产。

1）叶面喷肥时间：以日落后至晚上（下午 6~9 点）、无风天喷肥效果最佳（药效为上午 11 点以前或下午 3 点以后的 3 倍左右）。

2）药械：最好用脉冲动力弥雾机。其优点是快速、省药、省肥、省工、省水，效果好。若用雾化好的喷雾器喷洒，应着重喷布叶背面。

3）喷肥时期与次数：一般是在花前、花后、硬核期、膨果期、落叶前 10 天喷肥，共 4~5 次。

4）叶面喷肥浓度、时期与作用：见表 5-1。

表 5-1　叶面喷肥浓度、时期与作用

肥料名称	喷布浓度（%）	喷布时期	作用效果
尿素	0.2 ~ 0.3	开花至采前	促进生长，提高坐果率
硫铵	0.1 ~ 0.2	开花至采前	促进生长，提高坐果率
过磷酸钙（浸出液）	0.5 ~ 1.0	新梢停长	促花、增质
磷酸二氢钾	0.2 ~ 0.3	落果后至采前	促花、增质
硫酸钾	0.2 ~ 0.3	落果后至采前	促花、增质
硫酸锌	3 ~ 5	萌芽前 3 ~ 4 周	防小叶病
硫酸锌	0.3 ~ 0.5	发芽后	防小叶病
硼酸	0.1	发芽前后	提高坐果率
硼砂	0.1 ~ 0.3	盛花期	提高坐果率
硼砂（加适量石灰）	0.2 ~ 0.4	5 ~ 6 月份	防桃缩果病
硝酸钙	0.3 ~ 0.5	盛花后 3 ~ 5 周，采前 8 ~ 10 周	防止果实缺钙
柠檬酸铁	0.05 ~ 0.1	生长季	防缺铁症
硫酸亚铁	0.2	生长季	防缺铁症

第二节 水分调控

一、桃树需水规律

桃树起源于我国干旱的西部地区，其特征是抗旱怕涝。生长期内，土壤相对含水量达40%~60%时，枝条生长正常，果品质量较高；当土壤含水量降到10%~15%时，枝叶便出现萎蔫现象。花期和果实第二膨大期为需水关键期。若桃园积涝1~3天时，便出现黄叶、落叶和死树现象。花期缺水，花蕾和花体小，开花不齐，坐果率低，幼果小而圆；若果实第二次膨大期土壤和天气干旱，果个发不起来并呈现半萎蔫状。在年雨量500mm以上地区，桃园基本上不需要浇水。在膨果期遇干旱威胁，应补浇1~2次水，湿润土层40~50cm就够了。在局部时期多雨的地区，应进行起垄栽培或注意及时排水。

二、浇水时期

1. 萌芽至花期前

春旱地区，应灌1次水，有利于萌芽整齐，开花势好，叶片增大和提高坐果率。

2. 花后

一般在落花后半月左右至生理落果前灌1次水，每亩灌溉量在25~30m^3，有利于幼果膨大和新梢生长，因为此时正值桃果、新梢生长的关键时期。

3. 硬核期

硬核期也是灌水临界期，它直接关系到落果和花芽分比，但灌水量不宜过多，株灌15~20kg就可以了。若灌水太多，会引起油桃、燕特红桃发生裂果，风味变淡。

4. 灌冻水

10月下旬~11月中旬，每亩浇水50~60m^3，有利于桃树安全越冬和来年春天开花、坐果。

三、灌水方法

1. 漫灌

通过渠道和垄沟，将水灌到树下，用水量较大，且不均匀，地头时间长，行尾时间短，土壤易板结。目前燕特红桃多采用此法灌溉。

2. 滴灌

遵化市兴旺寨乡桃园有1/3面积采用滴灌，省水省工，土壤不板结，桃果裂果少。一般掌握在桃树需水临界期灌溉，一般年份5~7天灌1次，滴头下一定范围内，土壤水分达到田间最大持水量。采前10~15天滴灌，使土壤湿度保持在田间最大持水量的60%左右，较为合适。

四、排水防涝

桃树根系呼吸旺盛，耗氧较多。果园积水后，土壤中孔隙皆被水分填满。当土壤空气储量在10%~15%时，根系发育正常；氧储量降至7%~10%时，根系发育不良；当降至5%~7%时，根系褐变，根毛死亡，发不出生长根，新梢纤细，花芽少而瘪。因此，雨季注意桃园排水防涝。在建园时，尽可能选地势高燥、沙质土壤区栽树，栽树前，树行起垄栽培，十分重要。

五、水肥一体化管理

（1）蒙力28根注或冲施 每10kg蒙力28+100~200kg水，混匀后，顺水浇灌或根注根际土壤中，吸收快、利用率高。在缺钙时，加入高钙高（其作用已如前所述）。

（2）蒙力28+蒙力盛丰或汉姆红运高钾型根注或冲施 每10kg蒙力28+100~200kg水+蒙力盛丰或汉姆红运高钾型，于7月份后，冲施或根注于根际土壤中。

第六章 整形修剪

第一节 主干形树形

一、树形选择

多年来，人们习惯认为桃树喜光，应用开心形树形，包括两主枝开心形、三主枝开心形、六主枝开心形等。这些开心形内膛光照较好，结果质量较高，但结果呈表面化，结果部位过低，亩产多维持在2000~2500kg。这类树形定干太低，枝、叶、果多下垂贴地，由于近地面湿度大，易生病害（如细菌性穿孔病等），并且考虑到骨架建设，前期重剪（截、缩重些），导致结果晚、早期产量低（2年生树几乎没有商品产量）、效益差。所以，我们选择了主干形树形。这种树形的优点如下：

（1）适于密植 由于没有大量的骨干枝，只有中央主干，树冠上下一样粗，冠径只有1.5~2m，可以采用密植栽培，每亩栽100~200株，行距2.5~3.5m，株距1.5~1.0m。

（2）早期产量高 栽树当年，只要苗上带有花芽，就能结几个果子，但形不成商品产量，一般不留果。第二年产量剧增，亩产可达2500~4500kg，第三年亩产5000~6000kg，第四、第五年亩产可达6000~6500kg。

（3）经济效益好 这类果园结果早且高产，收回投资快。若建园费在5000元/亩左右，栽后第二、第三年亩收入可达2万~3万元。对于桃农来说，这是一条快速致富路。

（4）栽培周期短 一般12~15年一茬，这有利于更新换代。当根系衰老，中、下部枝条衰枯，产、质量下降时，就要刨树另植新园。

（5）树体结构简单，修剪容易 修剪技术很快可看懂，1天可学会。例如，张旭刚夫妇过去从事理发工作，完全不懂桃生产技术，他俩听技术员的指导，基本掌握了全套栽培技术。

由于上述优点，密植桃主干形推广很好。

二、树体结构

干高70~100cm，树高2.6~3.0m，中央主干直立挺拔，其上分布20~30个侧生枝（枝组），下大上小，树冠下部直径1~1.5m，最大可达2m。侧生枝在中央主干上均匀分布，开张角度为100°~120°，树冠上尖下宽，呈松塔形（图6-1）。

剪前 剪后
1年生树

剪前 剪后
2年生树

剪前 剪后
3年生树

剪前 剪后
5年生树

图6-1 **主干形树冠**

三、整形方法

栽后定干，定干高度为 60~80cm。萌芽后，随时抹除苗干上距地面 50~60cm 的萌芽，当新梢长到 50~60cm 时，用布条、塑料条或拉枝器将其拉开到 120° 左右。冬、春修剪时，中央主干不打头，让它直立向上；对竞争枝要通过摘心控制。1 年生桃树剪前有侧生枝 20 个，剪后剩 15 个；2 年生树分别为 30 个和 20 个；3 年生树分别为 27 个和 20 个，4 年生树分别为 30 个和 20 个；5 年生树保持在 4 年生树的水平。在整形中，注意疏除低位粗大枝，让干枝比维持在 1∶(0.3~0.5) 较好，随树龄增长，要逐年提干到 1m 左右，以利于通风透光和田间作业 (图 6-2)。

图 6-2　调整干枝比

第二节　修剪方法

在新桃园，修剪方法上提倡用长枝修剪法或称简易修剪法，即对中、长果枝长放不短截，让其结果后自然下垂，但对长放后的枝组，可回缩更新。

用强枝代头，可增添枝组活力，并控其长度，保持小的树冠轮部。对中央主干头先是连年长放，直到树高达 3.5m 时，才考虑落头开心的问题。落头后，还要疏剪顶部强枝，以保持上小下大的标准树形。在具体修剪时，采取以下 4 种剪法。

一、去低留高

由于栽树时，定干高度在 60cm 左右，第一年抽生的侧生枝较长，有的 70~80cm。第二年结果垂地，影响桃果质量，在全树枝量较大的情况下，可以逐年提干，去掉 1~2 个低位枝，将干高提到 80~90cm 处。第三、第五年，可提到 90~100cm 处 (图 6-3)。

图 6-3 去低留高，提升干高

去低留高的同时，也要严格控制桃树树高。桃树极性较强，栽后第一年秋季，树高可达 2.29m，2 年生树高可达 3.5m，3 年生树高可降到 2.8m，3~4 年生树也应稳定在 2.8m 左右。超过 3m，各项操作倍感不便，同时，因光照恶化，下部死枝严重。所以，注意落头开心，同时疏、缩上部过大枝组，保持树势上下平衡，结果稳定。

二、严控粗大枝组

为保持中央主干的绝对优势，要保证干枝比在 1 :（0.3~0.5）左右。每年冬季修剪时，应注意疏 1~3 个粗大侧生枝，尤其是低位枝、竞争枝、直立徒长枝，保留健壮、细长的侧生枝，特别要重视保留从中央主干上发生的优良长果枝（枝组）。总量是：第一年留 15 个，第二年留 21 个，第 3~5 年，留 20~25 个。保持枝量稳定，树体大小稳定。

三、留足中、长果枝

燕特红桃主要靠长、中果枝结果。长果枝可结 3~6 个桃，中果枝结 1~3 个桃，短果枝留 0~1 个桃。所以，在修剪时，要留一定量的长、中果枝：

2 年生树，留长果枝 23~25 个，中果枝 18~20 个；

3 年生树，留长果枝 20 个，中果枝 17~20 个；

4 年生树，留长果枝 16~20 个，中果枝 20 个；

5 年生树，留长果枝 20 个，中果枝 20 个。

从栽后第二年开始，桃树已进入高产期，树冠、枝量、结果量已渐趋稳定。特别值得注意的是，要留够长果枝量，每株树留 20 多个优质长果枝，每个枝上平均结 4 个桃，总共可结 80 多个桃；同时，20 多个中果枝，平均每枝结 2 个桃，共 40 个桃，总计 120 多个桃。平均每株可结桃 30~35kg，每亩栽 178 株，亩产可达 5340~6230kg（表 6-1）。

表 6-1　1~5 年生桃树剪留中、长果枝数（2014 年 11 月）　（单位：个）

株号	1 年生树果枝		2 年生树果枝		3 年生树果枝		4 年生树果枝		5 年生树果枝	
	长	中	长	中	长	中	长	中	长	中
1	22	2	28	6	30	13	20	28	12	23
2	12	3	29	3	13	20	15	17	12	23
3	11	2	23	6	12	16	14	22	16	11
4	18	2	21	8	13	16	18	22	6	17
5	16	5	26	8	26	15	25	18	15	14
6	15	0	22	8	13	16	20	23	6	20
7	17	0	17	6	18	16	15	18	23	19
8	14	0	16	17	15	11	6	22	8	19
9	20	2	22	14	12	12	16	21	8	16
10	14	2	22	2	12	13	16	14	18	18
合计	159	18	226	78	164	148	165	215	124	180
平均	15.9	1.8	22.6	7.8	16.4	14.8	16.5	21.5	12.4	18.0

四、简化修剪法

这种剪法简单易行，树势不会返旺冒条。夏季用 PBO 控梢，不需要反复摘心，省工省事。不管冬、夏两季，都用疏枝、长放、回缩法。有个桃农沿用过去摘心法，结果导致不能形成强壮的长果枝，反而会形成不堪利用的纤细的中果枝，既浪费了人工，又没有好效果（图 6-4）。

图 6-4　夏季摘心的副作用效果

1. 修剪量

修剪量是用剪下的枝条重量（kg）来表示。随树体长大，每年的枝条修剪量略增，如 1 年生树冬季修剪量为 0.8kg/ 株，2 年生为 2.0kg/ 株，3 年生为 2.2kg/ 株，4 年生为 3.0kg/ 株。

2. 耗时

这种剪法省工而快捷，耗时是用分钟计算的。如 1 年生树平均耗时 2.8min，2 年生树平均耗时 4.4min，3 年生树平均耗时 3.9min，4 年生树平均耗时 4.8min。技术熟练者每天可剪 3~4 年生树 0.5 亩左右（表 6-2）。

此外，在修剪中还要注意老枝的更新，尽量缩到后部强壮长果枝处，使树冠老而不衰、长而不弱、通风透光，以减少死枝，便于管理，保持疏密适度，果大质佳，健壮长寿。

表 6-2　单株修剪量与修剪耗时

株号	修剪量 /kg				单株修剪耗时 /min				
	1 年生	2 年生	3 年生	4 年生	1 年生	2 年生	3 年生	4 年生	5 年生
1	0.9	1.7	1.5	4.2	3	4	4	5	5
2	0.6	1.5	2.7	3.2	3	7	4	5	4
3	0.5	4.5	1.8	1.7	3	5	3	4	5
4	0.4	2.2	2.5	3.2	3	5	5	4	5
5	0.2	1.6	3.2	3.4	4	4	4	4	5
6	1.2	1.9	2.9	3.5	3	5	4	4	4.5
7	1.1	1.6	2.0	2.8	3	4	4	5	5
8	1.2	2.0	1.5	2.7	3	4	4	5	3
9	0.6	1.7	2.5	3.0	3	3	4	5	2
10	1.0	1.2	1.8	2.5	3	3	3	7	4
平均	0.8	2.0	2.2	3.0	3.1	4.4	3.9	4.8	4.4

第七章

植物生长调节剂与生物酶的作用

第一节 PBO（华叶牌）

一、PBO（华叶牌）基本成分

该产品为国家专利产品，发明人为钦少华，由江苏省江阴市果树促控剂研究所生产，专利号为CN1358439A，注册商标为华叶牌。目前，在市场上相继出现5~6种PBO，据果（桃）农反映，效果最好、用得多的还是原创华叶牌PBO。

华叶牌PBO是一种复合制剂。它含有生长抑制剂（烯效唑）、细胞分裂素（BA）、生长素衍生物（ORE）、膨大剂、增糖着色剂、抗冻剂、延缓剂、防裂素、早熟剂、抗旱保水剂、光洁剂、杀菌剂及10多种微量元素，成为综合性果树促控剂，经南京医科大学检测为微毒类物质。

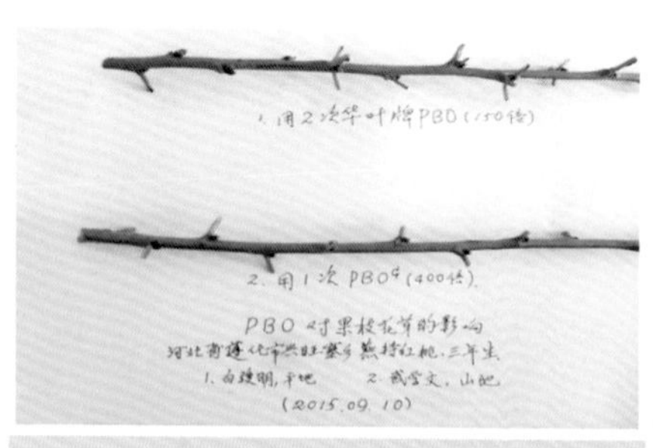

图7-1 喷PBO的桃树花芽饱满枝条粗壮

二、作用机理

PBO中的烯效唑可抑制新梢旺长，增加光合产物积累，桃树叶绿素含量增加66%~72%，花芽饱满，结果枝粗壮，节间短，有利于营养物质向花和果实中流转、分配（图 7-1）。

BA（细胞分裂素）可消除顶端优势，抑制新梢生长，激活成花基因，促进成花并能加速细胞分裂和拉长，也能促发新根。

生长素衍生物（ORE）能调配营养流向果实，使果实个大，内含物（糖等）增加，有利于果实着色。

三、PBO 基本功能

1. 无毒副作用

PBO 微毒，无残留，符合绿色食品要求。

2. 对桃树生长发育的影响

（1）干周和结果枝　据汪景彦、范学颜做的 5 年试验，施用 PBO 后，艳光等 3 个品种干周比对照每年平均递增 0.4cm，无副梢的中、长果枝比例比对照增加 40% 左右，而且枝条粗壮，节间短 0.7~0.8cm。另据黎洪涛报道，喷 PBO 的 1 年生大棚油桃有结果枝 26.4 个 / 株、花芽 517.6 个，而对照相应的为 4.3 个和 20.3 个，分别提高了 6.14 倍和 25.48 倍。

燕特红桃，用过 PBO 处理的，无副梢长果枝占 70% 以上。在我们调查的 9 个果园中，以喷布 3 次 PBO 的果金柱桃园 2 年生树表现最突出，预示着下一年年亩产可达 5000kg 以上（图 7-2）。

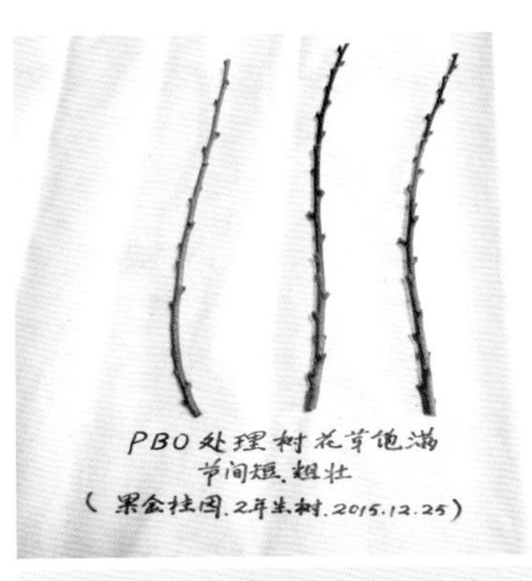

图 7-2　果金柱桃园 2 年生树长果枝花芽饱满

（2）增产显著　据青岛市农科院孙高珂在中华寿桃上试验，对照 315g，PBO 处理的单果重 385g，比对照增长 22%。山东潍坊市林业局刁兴治在双冠王油桃上试验，对照为 130g，PBO 处理的单果重为 225g，比对照增长 73%。山东省青州市乐高镇李志强在大棚早红珠油桃上试验，对照亩产为 1638kg，PBO 处理区亩产 2660kg，每亩增产 62%。

2011 年以来，河北省遵化市燕特果蔬种植专业合作社在燕特红桃园连用 3~5 次华叶牌 PBO，2~5 年生树亩产量均达 3000~6000kg。

据甘肃省白银农垦公司范学颜在油桃树进行试验（1999—2002年），2年生树PBO区总产量为76.4kg，对照区只有9.7kg，处理为对照的7.88倍；3年生树分别为303.5kg和111.2kg，处理为对照的2.73倍；4年生树分别为322.0kg和127.2kg，处理为对照的2.53倍。3年总计，处理区产量为701.9kg，对照区为248.1kg，处理区树产量为对照区的2.83倍。

（3）改善品质

1）可溶物固形物含量：PBO处理的树，由于光合产物多且更多地流向果实，所以，果实个大，内含物也多。据钦少华和张凤鸣报道，艳光桃可溶性固形物含量，清水对照区为12.2%，PBO处理区为14.8%，比比照提高2.6%；早红宝石相应为14.6%和19.2%，提高4.6%；曙光油桃相应为15.2%和20.1%，提高4.9%。据孙高珂试验，中华寿桃PBO区可溶性固形物含量为14.8%，比对照区（13.8%），提高1.0%。另据四川省丹棱县农业局陈天礼报道，用150倍和300倍PBO处理的油桃可溶性固形物含量达12%~13%，比对照区（10.0%~11.0%）提高2.0%。

2）着色：由于可溶性固形物含量的增加，花青素含量增多，因此果实着色。据孙高珂报道，中华寿桃PBO处理区桃果着色率达75%，比对照区（47%），提高28%。

（4）提高抗寒性

1）防抽条：在冬季寒冷的地区，桃幼树常发生抽条死树现象。范学颜在甘肃省白银农垦公司条山农场进行防抽条试验，当地绝对最低温度为－20℃，桃树必须全部埋土越冬，否则全部冻死。为防2年生油桃树抽条发生，做了3年（1999—2002年）试验。选择曙光、早红宝石、双红3个品种，每年每品种选大小一致的定植苗木各10株，试验、对照各5株。试验树每年7月10日，8月10日各喷1次150倍PBO，对照树每年于11月和2月各喷1次抽条灵。试验结果表明，试验树死株率为0；对照树3年总计，曙光死株率为40%，早红宝石和双红死株率均为26.7%。在露地施PBO的幼树，连续5年未埋土，仍能安全越冬。

据钦少华、孙凤鸣报道，山东省蓬莱市孙家庄孙光庆的2亩3年生中华寿桃，其中1亩地于2002年6月10日和8月10日各喷1次100倍PBO，另1亩未喷，作为对照。2003年1月16~18日遇到持续3天－9.7℃低温，对照园树干冻死绝产，而喷PBO园则安全无恙，亩产3500kg。

2）抗晚霜危害：据范学颜报道，2001年4月11日，甘肃省条山农场油桃花蕾期，遇到连续4天-6.5~-5℃的寒流，喷云大120的坐果率为0，喷冻花灵的坐果率为19.8%，喷PBO的坐果率为46.0%。2002年4月24日，突遭晚霜危害，低温达-4℃，一般桃树基本绝产，而莱西市河里吴家乡一片8亩桃园，因2001年6~8月份喷2次150倍PBO，树体健壮，竟躲过这场灾害，亩产4500kg，取得了大丰收。

（5）防止裂果 燕特红桃在不套袋情况下，有较重的裂果现象。套袋后，摘袋前几日，也有少量的裂果发生。喷PBO处理果，很少发生裂果。据孙高珂报道，中华寿桃PBO区裂果率为8%，而对照区裂果率高达36%，比PBO区增加了4.5倍。

（6）修剪省工 随喷药（非碱性）喷PBO，节省单喷用工。另外，由于PBO的抑旺促壮作用，树体矮化，枝条短粗，免去2~3次夏剪（剪梢和摘心），每亩节省劳力3~5个工。省劳力的钱是每亩PBO费用的4~5倍。

（7）经济效益高 李志强在山东青州市乐高镇西墩村大棚早红珠油桃上应用PBO，果个大而均匀，色红亮，味浓甜，不裂果，早熟8天，亩产值10375元，而对照亩产值5408元，每亩增收4630元。又据陈天礼在丹油1号油桃上的试验，用150倍PBO处理，亩产值3949元，用300倍PBO处理，亩产值3685元，对照为2453元，分别增收1496元和1232元。按上述结果，每亩用PBO1.5~2.0kg，支出90~120元，前者产投比为（40~45）：1和（10~11）：1。总之，在桃树上施用PBO生产效益好，经济效益高。

四、使用方法

在桃树上施用PBO，要灵活掌握，因树制宜，因树势和管理水平而变。例如，1年生桃树，树势旺长，于7月中旬和8月中下旬各喷1次PBO 100~120倍液。河北省遵化市燕特合作社张旭刚园，2014年4月1日栽4.8亩燕特红桃树苗960株，8月20日和9月10日各喷1次PBO，均为160倍液，控梢促花效果好。2015年于5月1日、5月20日、6月6日和7月底各喷1次PBO，结合其他综合管理措施，2年生桃树亩产达4500kg，创造早期高产新纪录。

为防花期晚霜危害，应于花蕾露红期喷1次PBO 100倍液。花后，幼果达玉米粒大小时和果实迅速膨大期，各喷1次PBO 120~150倍液。

据遵化燕特果蔬种植专业合作社王军的经验，在新梢长 20cm 时，喷第一次 PBO，以后每 15~20 天喷 1 次 PBO，共 4~5 次，视天气、树势而定，膨果期喷 250 倍液。

1 年生旺桃树，除 7、8 月份外，特旺树（尚未停止生长），还应于 9 月中旬再喷 1 次 150 倍液左右的 PBO。

第二节 碧　　护

一、来源与成分

该产品是德国科学家根据自然界的化感和生态生化学原理，历时 30 年研发的植物源生长激素产品，无毒，无副作用。产品符合欧盟法规和美国农业部规定及日本有机农业标准等要求，我国已作认证，允许在有机农业中使用。

该产品主要成分有赤霉素（0.135%）、吲哚乙酸（0.00052%）、芸苔素内酯（0.00031%）、脱落酸和茉莉酮酸等 8 种天然植物内源激素，10 余种黄酮类催化平衡成分，20 种氨基酸类化合物及抗逆诱导剂等。

二、功效与机理

（1）促进增产 可使果树增产 15%~30%，产投比为（10~50）：1。其机理是碧护能活化植物细胞，促进细胞分裂和新陈代谢，提高叶绿素、蛋白质、糖、维生素和氨基酸的含量。在提高坐果率的基础上，能迅速膨大果实，从而达到果个整齐、高产的效果。

（2）促进早熟 提早打破休眠，促早成熟和提前上市。

（3）增强抗逆性

1）抗干旱：机理是诱导产生大量的细胞分裂素、脱落酸和维生素 E，提高光合作用率，促进根系发育，抗旱节水可达 30%~50%。

2）抗冻：机理是增强叶片光合速率，提高机体活力，激活体内甲壳素酶和蛋白酶，提高氨基酸和甲壳素的含量，增加细胞膜中不饱和脂肪酸的含量。因此，可预防和抵御冻害。

3）抗病：能诱导果树产生抗病蛋白和生化物质（过氧化物酶、脂肪酸酶、葡萄糖酶、几丁质酶等）。这些物质在外界生物和非生物因子侵入时，产生愈伤组织，增强对霜霉病、疫病和病毒病的预防效果。所以，在德国，碧护被称为强壮剂。

4）抗虫：诱导植物产生茉莉酮酸，启动自身保护机制，使害虫更容易被其天敌所消灭。

（4）解药害　对农药造成的抑制性药害具有良好的解除作用。

（5）促根　能有效促进根系生长，新定植幼树用碧护浸泡几小时（1g碧护兑15kg水），有利于发根和提高成活率。燕特红桃苗栽前均浸过碧护溶液，可减少化肥施用量的20%，减少农药施用量的30%。

（6）提高土壤肥力　促进土壤中有益微生物的生长繁殖，迅速恢复土壤活力，提高土壤肥力，延缓植株衰老和延长结果期。

（7）延长果实储藏期　采前施用碧护，好气细菌和大肠杆菌显著减少，可溶性固形物、碳水化合物、蔗糖含量均有增加，果实储藏性好，生理重量损耗少，客商愿采购。

三、使用方法

（1）花前1周　喷第一次，每亩桃树用碧护6~9g，稀释倍数为8000~10000倍，应用效果是减轻晚春霜冻，使大棚桃提早打破休眠5~6天。

（2）花后1周　喷第二次，每亩用量3~6g，稀释倍数为15000~20000倍，应用效果是补充激素和营养，减轻生理落果，提高光合作用。

（3）果实膨大期　喷第三次，每亩用量3~6g，稀释倍数同第二次，应用效果是提早成熟，增加果实糖度和耐储性，对来年春天抗晚霜和花芽质量有明显作用。

四、注意事项

（1）使用效果　取决于每亩用量，霜冻前后用6~9g，喷（兑）水量因物候期和用药习惯适当调整。上述使用浓度仅供参考。

（2）喷洒时　与氨基酸肥、腐殖酸肥、有机肥配合使用，效果更好。

（3）同杀虫、杀菌剂混用，可增强植株活力，有一定增效作用。

（4）喷药时不宜选在中午高温或天气寒冷时喷施，否则会影响对碧护的吸收。

第三节 SOD

一、发现与定义

SOD 是 1969 年美国科学家发现的一种蛋白酶,原名超氧化物歧化酶。SOD 是英文 Superoxide Dismutase 的缩写，它广泛存在于人体、动物、植物和微生物中，具有催化氧自由基的歧化反应功能，消除新陈代谢中的毒素，是生物体内防御功能中很重要的酶系。一经发现，便引起世界科学家们的普遍关注，并掀起 SOD 研究热潮。

二、功效与制品

1. 功效

近 20 年来，随着 SOD 的研发并应用于实践，发现其对人体具有多种功能：

（1）抗氧化 人从 35 岁以后，抗氧化能力减弱，便开始衰老，因此，需要补充 SOD。

（2）预防慢性病 体内新陈代谢过程中产生的氧自由基是各种慢性病的根源，如糖尿病、心血管病等。

（3）化解妇女氧化压力 妇女随着年龄的增长，皮肤会出现斑点（黑褐色）、皱纹、黑眼圈和更年期障碍等，都与过多的氧的自由基存在有直接关系，所以要及时补充抗氧化类食品。

（4）消除癌症化疗后的不良反应 癌症患者抗氧化能力急剧下降，应及时补充 SOD 食品。

（5）避免手术二次伤害 手术会引发大量的自由基，建议手术前后口服 SOD 产品和食品。

2. 制品

近年，我国生产 SOD 制剂的厂家不断增加，现已有 20 余家，主要供应医药和食品工业用。在果树上常用的是河北省秦皇岛荣丰生物酶开发有限公司和河南省灵宝市益宝科技有限公司生产的 SOD 酶制剂。这两种酶制剂均来自动物源（猪、牛等）血液，属专利产品。

目前，国内外各种 SOD 制品流行于世，如 SOD 片剂、SOD 胶囊、

SOD 口服液、SOD 饮料、SOD 糕点、SOD 化妆品等，走进日常百姓生活中。

我国把 SOD 用于果树上是十几年前的事。20 世纪末，河南省三门峡市灵宝一些果农，首先把 SOD 喷施于苹果树上，生产的 SOD 苹果价格昂贵，但十分畅销，引起科技界和其他果区普遍关注。随后，开始在其他果树上施用，效果也不错，如在梨树、桃树、枣树、草莓、葡萄上已逐渐推开。

2013 年，燕特果蔬种植专业合作社在燕特红桃树上喷过 7 次 SOD，经中国农业部质检中心检测，SOD 活性酶含量达到 128.28 个活性单位，在国内是最高的。

三、果树施用 SOD 的生产原理与生产效果

1. 生产原理

（1）平衡树势 幼果期施用 SOD，可消除体内阻碍生长发育的氧自由基，保持树体正常发育。

（2）促进幼果发育 在果实发育过程中，补充一定量的 SOD，会使果中酶活单位提高 1~2 倍，有助于优质丰产。

（3）增加储藏营养 生长后期补充的 SOD 可进入果内细胞中，并作为储藏营养储于液泡中。

2. 生产效果

（1）果个均匀 果个大小差异不大，商品果率高，博得客商好评。

（2）着色好 施用 SOD 后，红色品种果实着色率可提高 25%~30%，果面光洁度高。

（3）糖分增加 含糖量提高 0.3%~0.4%，果实硬度提高 20%~30%，口感甜脆。

（4）增产 施用 SOD 后，水果增产 10%~15%。

（5）抗病 施用 SOD 后，防治腐烂病效果可达 60%~70%，防治苹果霉心病效果达 7%~8%，蚜虫为害减轻，叶绿素含量增加，叶色浓绿，抗寒力提高，冻害轻。

四、施用方法

1. 选好园片

选生态条件好，树体健壮，病虫害轻，综合管理水平高的优质高效园，

且为无公害、绿色、有机果品生产园，要求面积在 2ha 以上。

2. 施用产品

因地制宜选用上述两个生产厂家中的一种产品即可。

3. 施用方案

（1）喷雾法 将 SOD 酶粉剂配成水溶液，均匀地喷洒到树上，通过叶片、皮层和果实吸收。

（2）树干输液法 先用细钻在树干的中、下部的同水平上，均匀地钻 3~4 个孔，深度 1~1.5cm，拔出钻头，插进特制针头（在 4 个沟槽中有出水微孔），挂好滴管和滴瓶，一天可滴入 500mL 左右的 SOD 溶液。考虑桃树干造伤后，易染流胶病，不建议在生产上大面积应用此法。

4. 使用浓度和次数

（1）第一年应用 从花蕾期开始到套袋后均可施用，一般要求喷 5 次，即花蕾期、花后 1 周、套袋前、套袋后 3 周和摘袋前 30 天各喷 1 次，有的花蕾期未喷，也可在摘袋后喷。喷布 2000~2500 倍液。

（2）第二年应用 喷布 3 次便可，第一次在套袋前 15~20 天，每亩用 100g SOD，第二次在摘袋前 50 天（每亩用 100g SOD），第三次在摘袋后（每亩用 60g SOD），

5. 注意事项

（1）配制 不能与碱性农药混用，但可与化肥混用。当然，最好是单喷。

（2）喷布时间 最好避开强风、暴日，在下午 4 点以后，最好是夜间喷布，有利于 SOD 的吸收，喷布要均匀、细致、周到。喷布前 1h，将 SOD 用温水化开，再添水到要求浓度。

（3）喷布器具 提倡使用雾化好的喷雾器和弥雾机，不宜用喷枪。若喷后 6h 遇雨，应在雨后补喷，以保证树上 SOD 的量不减。

第八章

花、果调控管理

一、提高花芽质量

1. 疏枝与捋枝、拉枝

（1）疏枝 桃树一年多次生长，枝量较大。一般1年生树可抽生30个新枝，2年生树能抽生60~80个枝，3年生树达100~120个枝，4~5年生枝量达150个左右，而且长梢较多，平均新梢长度在45~70cm。在密植条件下，株间连成树墙，行间只剩0.5~1.0m，光照条件恶化，影响花芽质量和果实着色。所以在修剪时，要用疏枝法，疏除大枝、密生枝、弱枝、细枝和徒长性结果枝。全树留枝量从2年生开始稳定在：长果枝30多个，中果枝25~30个就够了（图8-1）。

图8-1　5年生燕特红桃树疏枝状

（2）捋枝 当新梢长度达到50~80cm时，进行人工捋枝，将直立、斜生新梢全部拉成低垂状（图8-2），其花芽质量好。

（3）拉枝 桃树枝条直立性强，自然生长条件下，树冠呈扫把状，密不通风。拉枝是改善光照、提高花芽质量的重要措施。8~9月份，特别是采果后和春季萌芽后拉枝最合适。用草绳、塑料条、布条、拉枝器，将直立枝拉成110°~120° 角，有个别旺枝拉成朝地，效果更好（图8-3）。

2. 施肥

（1）花前 喷800倍超强防冻剂+春雨1号（400kg水/瓶）+0.1%

图 8-2　燕特红桃树捋枝状

图 8-3　燕特红桃树拉枝到位状

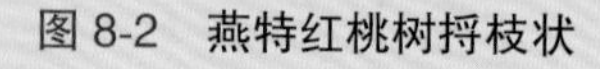

的硼 +0.5% 尿素。

（2）3 月中旬　用蒙力 28+ 多菌灵 150 倍液涂干（或喷干），比例为 1∶1。

（3）春浇萌芽水时，顺水冲施蒙鼎四合一，每亩施 15kg。

（4）6 月份，用施肥枪根注蒙力 28，每亩用 10kg，兑水 200 倍；硬核期，每亩冲施钾钙膨果 20kg，以利于果个膨大和形成优质花芽。

3. 施用 PBO（华叶牌）

当新梢长到 15~20cm 时，喷 1 次 150 倍液的 PBO，以后每隔 15~20 天再喷 1 次。有的桃园喷 4~5 次。如此新梢短缩、粗壮、花芽异常饱满（图 8-4）

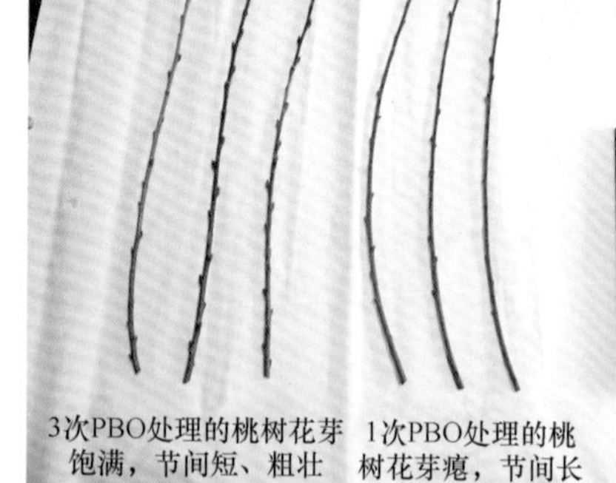

图 8-4　喷布 PBO 的桃树花芽对比

二、疏花与疏果

1. 以花定果

（1）疏蕾　花蕾期，人工疏蕾，去除朝天的顶花蕾和朝下的花蕾，仅留两侧花蕾，还要疏去弱花蕾和

图 8-5　疏花

有病虫害花蕾。

（2）疏花　去上花、去下花、留侧向花，侧花太密的，也要间疏。每个长果枝上留 6~10 朵花（图 8-5）。

（3）疏幼果　花后 10~15 天开始疏果、定果，留果适量。若留果过量，果个小，着色差（图 8-6）。

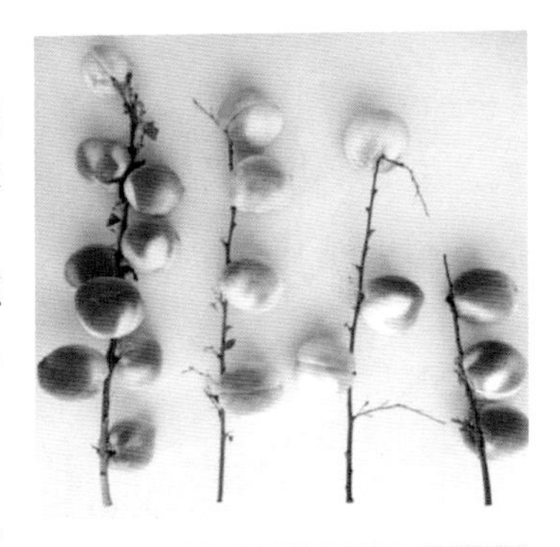

图 8-6　果枝留果量与果个大小

2. 合理负载

通过生产实践，桃农普遍认识到，疏果时，不能手太软，见果就留，否则其结果就是果小质差，售价不高，投资挺大。因为留果多，必然是套袋多，用工多。树也累弱了，人也累坏了，这是非常不聪明的办法，因此要合理负担。怎样合理确定留果量呢？

（1）干周法　干周即树干中部干周，它代表树的总生长量。用软尺子量一圈，其长度是多少，记下来，按上述调查数据可以算出桃树 1cm 长干周可承载多少果子，即干周法。由表 8-1 资料可以看出，3~5 年生树每厘米干周负担果实为 5.5~7.2 个。但其中有两个桃园园主已认识到结果有些过量，孙继云 3 年生树每厘米干周达 7.2 个桃，张旭刚 2 年生树每厘米干周负担 6.2 个果。根据调查的 9 个桃园，上述果数应稳定在每厘米干

周留5~6个果，是比较适宜的。

表8-1　桃树1cm干周应承载的果数（2015年10月9日）

园别		平均干周/cm	平均单株果数/个	果数/厘米干周	注
2年生树	果金柱	14.5	83.0	5.7	平地果园
	张旭刚	15.4	96.5	6.2	有灌溉条件
	孟海潮	16.2	90.0	5.5	管理较好
3年生树	王军	17.5	99.7	5.7	平地可灌溉
	翟国合	19.5	111.8	6.5	平地可灌溉
	武学文	19.5	127.0	6.5	山地可灌溉
	孙继云	16.3	117.0	7.2	山地可灌溉
4年生树	杨宝存	19.4	123.0	6.3	平地可灌溉
5年生树	杨宝存	23.0	135.5	5.9	平地可灌溉

（2）果枝法　桃树结果主要是以长、中果枝为主（表8-2）。

表8-2　长果枝坐果数与比例（2015年9月10日）

长果枝号	孙继云园		张旭刚园		果金柱园	
	坐果数/个	比例（%）	坐果数/个	比例（%）	坐果数/个	比例（%）
1	0	0	4	3.0	6	9.7
2	0	0	14	10.6	22	35.5
3	6	6.1	25	18.9	16	25.8
4	16	16.2	26	19.7	14	22.5
5	33	33.3	24	18.2	4	6.5
6	21	21.2	17	12.9	4	6.5
7	7	7.1	14	10.7	4	6.5
8	12	12.1	1	0.8	4	6.5
9	1	1.0	2	1.5	4	6.5

（续）

长果枝号	孙继云园		张旭刚园		果金柱园	
	坐果数/个	比例（%）	坐果数/个	比例（%）	坐果数/个	比例（%）
10	1	1.0	3	2.2	4	6.5
11	2	2.0	2	1.5	4	6.5
合计	99	100.0	132	100.0	62	100.0

在疏花留果时，一般长果枝留果数：张旭刚园2年生树长果枝留3~6个果为主，所占比例达69.7%;果金柱园2年生树以每枝留3~5个果为主，所占比例达83.8%；孙继云园3年生树以每枝留4~6个果为主，所占比例达70.7%。调查中发现，单枝留果多，果个小，着色差。

从实际观察中发现，一般长果枝留3~6个果较好，不但果个大，着色好，而且花芽也饱满。在桃树上，除长果枝外，还有一部分中果枝，其结果量仅次于长果枝，因枝条细而短，每枝留1~3个果，作为对长枝结果量的补充。短果枝结果更少，基本不考虑（图8-7）。

图8-7　全树结果状

三、套袋

对于燕特红来说，不套袋栽培，果实着色暗淡，不显眼，果皮发绿，并经常有裂果发生。在喷药不及时的桃园，桃小食心虫危害率高达50%~60%，丰产不丰收。因此，一定要采取套袋栽培。

（1）定果　套袋前，必须合理留果、定果。定果可用前述的干周法，量取干周长度，按1cm留5~6个果的参考值，计算好全树留果量，由专人负责定果。

（2）套袋前打药　套袋前喷1次杀虫杀菌剂。可选用大生M-45或福连1000倍液（护果面光洁）+艾果钙1000倍液+28%甲氰·辛硫磷（防

桃蛀螟）1500 倍液 +20% 啶虫脒 4000 倍液。

（3）套袋 按干周法确定的留果量，留够相应数量的纸袋，事先将袋口弄潮湿，以便套袋。

在花后 25~30 天开始套袋，选用优质双层纸袋。套袋时，先将纸袋用手撑鼓，将开口套住幼果，并绑在果枝上。

套袋完成后，将多余幼果全部疏除，以保证适量留果，定量生产（图 8-8）。

图 8-8 全树套袋状

四、摘袋

在 9 月 10 日 ~15 日期间，要进行摘袋。为了解袋方便，事先向果袋上喷水，使袋口软化，方便解袋，并减少落果。

摘袋要先撕开袋口捆扎物，再小心抽掉果枝与果中间的纸袋。在解袋过程中，最好将落果率降到 10% 以下。

摘袋后，9 月中、下旬，喷 1 次辛菌胺 400 倍液 + 艾果钙 1000 倍液，以利于减少桃果软沟病，增强桃果贮藏性和延长货架期（图 8-9）。

图 8-9 摘袋后果实状

五、摘叶

为提高桃果着色度，摘袋后，要摘掉果实周围遮光的叶片。只去掉叶片，留下叶柄，果面着色度可提高 10%~20%，果面上没有叶影、枝影，显得更加艳丽夺目，从而提高着色度 10%~20%（图 8-10）。

六、铺银色反光膜

为了提高果实着色度，树下或行间铺银色反光膜是一项常规措施。

图 8-10 桃果摘叶后，光照改善

摘叶后，在行间将幅宽 1m 的银色反光膜顺行铺平，并隔一定距离用细绳、木棍或竹竿压牢，以免被风刮起。每亩铺膜费用 120~150 元。采收后，将膜清理掉灰尘、杂物，卷起备第二年秋季用（图 8-11）。

张旭刚园 王军园

图 8-11 桃园行间铺银色反光膜

七、生产 SOD 桃

在全国桃产区，只有极少数桃园生产 SOD 桃，这类桃在价格上占有优势，在市场上倍受欢迎。在第七章第三节中已有详细叙述。从 2012 年，燕特果蔬种植专业合作社就生产 SOD 桃，作为特色产品打入市场。

（1）使用产品 SOD 主要由河北省秦皇岛荣丰生物酶开发有限公司提供。

（2）稀释倍数 1000~2000倍液。

（3）使用次数 5~7次，花蕾期、幼果期、套袋前、摘袋后。

（4）使用效果 将近成熟的燕特红桃样品送交农业部果品及苗木质量监督检验测试中心检测（图8-12），结果显示：该样品SOD含量138.82u/g，达较高含量指标。

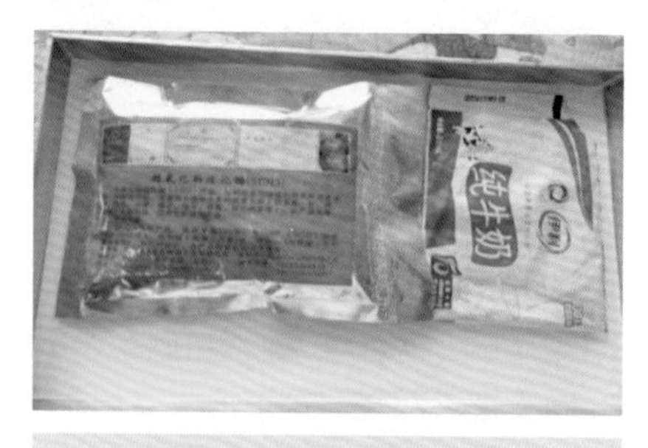

图8-12 SOD测试含量

第九章

病虫害防治

第一节 主要虫害防治

目前，在燕特红桃产区，主要虫害有：桃蚜、桃小食心虫、梨小食心虫、桃蛀螟、美国白蛾、潜叶蛾、害螨（红蜘蛛、白蜘蛛）、绿盲蝽象、茶翅蝽、日本龟蜡蚧、桑白蚧、朝鲜球坚蚧、桃小绿叶蝉、蝉等。

一、梨小食心虫

【为害症状】梨小食心虫又称梨小、桃折梢虫。小幼虫从桃梢顶端2~3片嫩叶基部叶腋处蛀入新梢髓部，向下蛀食2~3节，出孔处流胶，受害梢和叶渐蔫并干枯。幼虫可连续为害3~5个新梢后，开始蛀果（多在果肩部），直达核部并排粪其内。幼虫老熟后脱果，在果面留下脱果孔。

【发生规律】1年发生3~5代，各代交替，为害期6个月以上。完成1代需25~33天，成虫寿命2~10天，卵期4~10天，幼虫期12~14天，蛹期7~19天。

老熟幼虫在树干老翘皮缝中、根颈下土、石缝中或剪锯口周围、草根处、果场、果筐等处越冬。来年3月下旬（气温在10℃以上）开始化蛹盛期，盛花期为越冬代成虫产卵开盛期，第一代幼虫4~5月份出现，第二代幼虫6月中旬~7月上旬出现。老熟幼虫脱梢后，在翘皮下化蛹。第二代幼虫有少数为害果实，第三、四代幼虫主要为害果实，世代重叠。8月中旬~10月上中旬，幼虫脱果越冬。

【防治方法】

1）诱集越冬幼虫。8月中下旬~9月上旬，在树干上绑草把或围诱虫

带,引诱越冬幼虫,封冻后至解冻前解除烧毁;冬春清理杂草,刮掉老翘皮,集中烧毁或深埋，以减少虫源。

2）及时剪除萎蔫桃梢，集中处理。后期及时摘除虫果并深埋，减少越冬虫源。

3）糖醋液诱杀成虫。成虫对糖醋液有强烈趋性，利用糖醋液诱杀成虫效果甚好。其配方是:红糖 1 份,醋 2~4 份,水 10~16 份,另加少许白酒,每 10~15 株树挂 1 个糖醋液碗，每天上午清除成虫。

4）挂梨小迷向丝。它能干扰梨小雌雄交配，阻止其繁殖。用法是在越冬代成虫初发期，每亩挂 30 余根梨小迷向丝，挂在树高 2/3 处，每年只需挂 1 次，持效期半年。

5）悬挂频振式杀虫灯，诱杀成虫。

6）化学防治。当卵果率达 1% 时，即可喷药，可选用下述药剂：

① 20% 虫酰肼悬浮剂 2000 倍液。

② 20% 毒死蜱高氯 1000~1500 倍液。

③ 2.5% 氟氯氰菊酯 3000 倍液。

④ 25% 灭幼脲 3 号胶悬剂 1500 倍液。

当梨小食心虫危害严重时，每 10~15 天喷 1 次药。为提高药效，药液中加入柔水通 1000 倍液，或有机硅 3000~5000 倍液。

二、桃小食心虫

【为害症状】成虫在幼果上产卵，孵化的幼虫蛀入果实，蛀果孔常有流胶点。幼虫在果肉中串食，虫粪堆积果内，形成“豆沙馅”果，在果面留有蛀果孔。

【发生规律】1 年发生 2 代，以老熟幼虫在土中做茧越冬。来年 5~6 月份出土，6 月下旬 ~7 月下旬，为第一代卵盛期，8 月中旬左右为第二代卵盛期，9 月份幼虫脱果入土做茧越冬。

【防治方法】

1)农业防治。成虫羽化前,在树盘铺地膜,阻止成虫羽化后飞出为害。

2）生物防治。

① 注意保护天敌。桃小食心虫的天敌有桃小甲腹茧蜂和中国齿腿姬蜂。

② 尽可能使用生物农药（青虫菌）和昆虫生长调节剂（除虫脲类）。桃小食心虫幼虫可用昆虫病原线虫防治；桃小食心虫的卵可用小黑花蝽

刺吸致死。

3）化学防治。在成虫产卵前和幼虫孵化期喷布化学农药：25%灭幼脲3号悬浮剂1000~1500倍液，或50%辛硫磷乳油1000~1500倍液。

三、桃蛀螟

【为害症状】桃蛀螟成虫产卵于果间或果叶间，孵化的幼虫易从果肩或两果间连接处进入果实，并有转果习性。蛀孔分泌黄褐色透明胶汁，边缘堆有虫粪。

【发生规律】1年发生2~3代，以老熟幼虫在树体粗皮裂缝中和作物秸秆处做茧越冬。5月下旬~6月上旬出现越冬代成虫，7月下旬~8月上旬出现第一代成虫，其幼虫主要为害桃，第二代幼虫多为害晚熟桃。成虫白天静伏树冠内膛和叶背，夜间活动。

【防治方法】

1）农业防治。及时处理作物秸秆，刮掉老翘皮，及时摘掉虫果，集中处理。采前，在树干上绑草把和围好诱虫带，春季烧毁。

2）物理防治。利用糖醋液、黑光灯诱杀成虫。

3）生物防治。用性诱剂诱杀成虫。

4）化学防治。在成虫产卵期喷1~2次药，交替使用下述农药：2.5%功夫乳油3000倍液，或2.5%溴氰菊酯乳油2000~3000倍液，或20%杀铃脲悬浮剂8000倍液。

四、桃潜叶蛾

【为害症状】幼虫在叶组织内串食叶肉，形成弯曲食道，外观易辨。受害叶片严重者枯死、脱落。

【发生规律】展叶后，成虫羽化、产卵。幼虫孵化后即潜入叶肉为害，1年发生6~7代。7~8月份，气温高，繁殖快，周期短，世代交替。11月份化蛹越冬。

【防治方法】

1）农业防治。落叶后，清扫落叶，集中烧毁，消灭越冬蛹。

2）化学防治。在成虫发生期可喷下列药剂进行防治：25%灭幼脲3号悬浮剂1000~2000倍液，或20%杀铃脲悬浮剂8000倍液。一定要掌握在发生期前喷药，否则，危害严重时再喷药也无济于事了。

3）挂性诱芯。每亩桃园挂15~20个性诱芯，从成虫羽化时开始挂出，并于6月上旬和8月上旬分别换上新诱芯，因为诱芯田间有效期45天~60天，有效距离30~40m。此外，还可应用频振式杀虫灯诱杀成虫，也比较有效。

五、桃蚜（腻虫、旱虫）

桃树的蚜虫有桃蚜、桃粉蚜和桃瘤蚜3种，前两种发生普遍而严重。

1. 桃蚜

1年发生10~20代，以卵在枝梢、芽腋、芽鳞裂缝等处越冬。萌芽后，越冬卵孵化后，群集在桃芽为害；以后若虫、成虫相继为害花、嫩叶、叶片。4月下旬~5月上旬产生有翅蚜，转移至蔬菜、杂草上为害，晚秋又飞回到桃树上产卵越冬。

2. 桃粉蚜（桃大尾蚜）

以成蚜、若蚜群集于叶背，刺吸汁液，使叶缘向背面纵卷，卷叶内有白色蜡粉。严重时，叶片早落，梢枯。蚜虫排泄的蜜露会导致煤污病的发生。7月间生成有翅蚜飞走，秋季又飞回桃树，为害并产卵越冬。

3. 桃瘤蚜

1年发生10多代，以卵寄生在桃梢、芽腋处越冬，其第二寄主为艾蒿及禾本科植物。待寄主发芽后，卵孵化为干母。4月中、下旬，幼虫群集于叶背为害，将叶纵卷。5~6月份，有翅蚜又迁回桃树上，产生有性蚜，产卵于芽腋、枝梢处越冬。

【防治方法】

1）关键期喷药。一是在花芽露红期（大蕾期至始花期），二是落花90%时（末花期）。

2）喷布药剂。可用药剂有：桃蚜净800~1000倍液，或灭扫利4000倍液，或50%可立施10000~15000倍液，或10%吡虫啉可湿性粉剂4000~5000倍液，或0.3%苦参碱水剂800~1000倍液。

3）主枝涂抹。花期将桃蚜净在大主枝均匀涂抹一圈，涂抹宽度：2年生以下的树为10cm，3~4年生树为15cm。涂1次，管1年。

4）简易法治蚜。用尿素+洗衣粉防控蚜虫：洗衣粉1份、尿素3份、水300份，配法是：用热水化开洗衣粉，后加尿素和水，搅匀；另一配方是：洗衣粉1份、尿素4份、水400份，杀蚜率达92%以上。再一配方是：

洗衣粉 1000 倍液（先用少量热水化开，再加冷水到 1000 倍液），或用洗洁粉 2000 倍液喷雾，杀虫率达 100%。另外，将大蒜 1kg 捣碎，加水 1kg，充分搅匀，将加水 50kg，喷布效果也可以。

5）生物防治。注意保护蚜虫的天敌，如瓢虫、食蚜蝇、草蛉、蜘蛛等。

6）农业防治。除搞好清园外，在行间种大蒜可减轻蚜虫为害。另外，在行间不宜种植烟草和白菜等，这两种作物是蚜虫夏季繁殖场所。

六、桑白蚧

【为害症状】该虫以若虫和成虫刺吸桃枝干汁液，虫量大时，完全覆盖树皮，形成凹凸不平的灰白色蜡质物，枝条发育细弱，重者整株死亡。

【发生规律】1 年发生 2~3 代，以第二代受精雌虫在枝条上越冬。4 月下旬产卵于壳下，每虫可产 40~400 粒卵，卵期 15 天。若虫孵出后，爬出母壳，在 2~3 年生枝上固定吸食汁液，5~7 天分泌蜡质，若虫期 40~45 天，羽化后交尾，雄虫死亡，雌虫于 7 月中旬 ~8 月上旬产卵（50 粒左右），卵孵化期在 7 月下旬 ~8 月中旬，成虫羽化期在 8 月中旬 ~9 月上旬，以受精雌虫在枝干上越冬。

【防治方法】

1）人工防治。3 月中旬 ~4 月上旬，使用硬毛刷或钢丝刷刷除枝条上越冬雌成虫。剪除受害枝条，一起烧掉。

2）生物防治。要保护和饲养天敌，桑白蚧的天敌有：红点唇瓢虫、日本方头甲寄生蜂、草蛉、桑白蚧恩甲小蜂（寄生率达 30% 以上）等。

3）化学防治。

① 萌芽后，树上喷布 600~800 倍液的高浓缩强力清园剂（30% 矿物油·石硫微乳剂）。

② 幼虫出壳至分泌蜡粉前，喷施 99.1% 的加德士敌杀死乳油 200~300 倍液，或 25% 扑虱灵可湿性粉剂 1500~2000 倍液。

七、害螨

害螨包括山楂叶螨、二斑叶螨、附线螨、桃下毛瘿螨，这里只介绍前两种。

1. 山楂叶螨（山楂红蜘蛛）

【为害症状】主要常群集于叶背为害，雌螨吐丝结网，早期在树冠内

膛为害，后渐向外围扩散。被害叶现失绿斑点，渐成红褐色斑块，严重时，叶片焦枯脱落。

【发生规律】1 年发生 5~9 代，因地而异。春季平均气温达 9~10℃时，出蛰为害，正值桃芽露绿时，40 天左右产卵。7~8 月份温度高了，繁殖甚快。8~10 月份，产生越冬成虫，以受精的雌成虫在树皮裂缝或干颈周围土缝里越冬。

【防治方法】

1）农业防治。清扫枯枝落叶，翻耕树盘。9 月上旬，在枝干绑草把或围诱虫带，诱集雌成螨，开春解下烧毁。行间间作豆类、马铃薯、绿肥或生草，有利于害螨天敌的繁育。

2）生物防治。保护利用天敌——东方植绥螨。另外，释放捕食螨，1 只捕食螨一生能食 300~500 只害螨（主要是卵）。释放方法是，每株树挂 1 袋，每袋净含量 500 只捕食螨，选阴天和傍晚时释放。在纸袋上方 1/3 处斜剪 2~3cm 的口子，将捕食螨袋挂在树干背光处。每年 3~8 月份均可释放。可控害螨期长达 60~90 天。据资料，天敌：害螨 =1：20 时，可不用药；1：（20~35）时，缓用药；1：40 时，即用药。但须指出，释放天敌前 10~15 天，要进行一次病虫害防治，行间割草，用生物农药，挂杀虫灯、性诱剂等，效果更好些。

3）化学防治。

① 花芽萌动期（第一关键期）用药：10% 阿维哒 2000 倍液 +20% 马氰乳油 1500 倍液。

② 硬核期（第二关键期）用药：25% 单甲脒水剂 1000 倍液 +1.7% 阿维高氯氟氰水剂 2000 倍液。

③ 6 月中、下旬用药：40% 炔螨特 2000~3000 倍液，或 10% 阿维哒螨灵 3000 倍液。

④ 7 月份以后，交替用药：5% 阿维苯丁锡 3000 倍液，或 10% 阿维哒螨灵 3000 倍液，或 20% 四螨嗪悬浮剂 2000 倍液，或 25% 三唑锡 2000 倍液，或 50% 苯丁锡 2000 倍液。

在防治害螨时，也可试用尿素 + 洗衣粉进行防治。

2. 二斑叶螨

1 年发生 7~9 代，以雌成螨在枝干翘皮下、根颈周围土缝中越冬。春季，日平均气温稳定在 10.4℃以上时，雌成螨出蛰，在桃花期上树为害并产卵。8 月下旬，平均气温 10~11℃，停止产卵。9 月中、下旬以后，受精的雌成螨陆续进入越冬场所。

二斑叶螨的防治方法同山楂叶螨。

第二节 主要病害防治

当前，在燕特红桃产区，主要病害有：腐烂病、干腐病、桃流胶病、根腐病、白纹羽病、紫纹羽病、根癌病、木腐病、膏药病、折枝病、枝枯病、枯梢病、细菌性穿孔病、真菌性褐斑穿孔病、真菌性霉斑穿孔病、轮纹叶斑病、白粉病、黑星病、煤污病、褐腐病、灰霉病、黑腐病、红腐病、轮纹病、实腐病、溃疡病、红粉病、软腐病、心腐病、炭疽病、瘿螨畸果病，以及病毒病等。这里只介绍几种主要病害。

一、桃细菌性穿孔病

【发病症状】该病分布甚广，桃树受害严重时，生长衰弱，产量、质量下降。

1）叶片受害。初在叶背产生水渍状小点（直径 0.5~1mm），有时呈紫红色，甚至连片。病斑扩大后呈圆形、多角形、不规则形，褐色，直径 2mm。以后病斑周围产生黄色圆圈，干枯，脱落成穿孔，重病叶多早落（图 9-1）。

图 9-1 桃细菌性穿孔病

2）枝条受害。有两种类型：春季溃疡型和夏季溃疡型。先在 2 年生枝条上于春季发病，初为褐色小疱疹，后扩展为深褐色病斑，后凹陷、表皮破裂，梢枯。后者侵染当年新梢，以皮孔为中心，形成紫红病斑，后变成紫褐色，干缩、凹陷、干裂，很快干枯。

3）果实受害。幼果染病时，初显水渍状近圆形小斑点，后呈浅褐色略凹病斑（直径 1~2mm）。近成熟果染病时，初为暗紫色、圆形病斑，

略陷（直径 1~2mm），严重时病斑连片，表面龟裂，影响果品外观质量。

【发生规律】该病为细菌所致，在枝条溃烂病斑上越冬。来年春天随气温升高，从组织中溢出，借风雨和昆虫传播，经叶片气孔、枝条和果实皮孔、芽痕侵入为害。多雨及潮湿使病情加重。树冠郁密，排水不良，施氮过量，黄叶病重的桃树易患此病。

【防治方法】

1）农业防治。

① 采用通风透光型修剪方案，控制枝量和树高。剪除病害枝条，加以烧毁。

② 注意排水降湿和防治黄化病。

③ 增施生物有机肥（蒙鼎基肥、龙飞大三元有机无机生物肥等）和磷、钾肥，控施氮肥。

2）化学防治。

① 萌芽前后，全园喷 1 次高浓缩强力清园剂 600~800 倍液，或 3~5 波美度石硫合剂，或 45% 晶体石硫合剂 30~40 倍液。

② 5~6 月份，连喷 2~3 次药，间隔期 10~15 天。药剂可用：70% 硫酸链霉素可溶性水剂 3000 倍液，细菌灵水剂 10000~15000 倍液，1∶4∶240 倍硫酸锌石灰水溶液等。

二、桃流胶病

【发病症状】此病多发生在枝干上，为常见病。初期病部隆起，逐渐溢出半透明胶质，后成冻胶状，失水后呈黄褐色，最后成坚硬的琥珀状胶块。此病有侵染性流胶病和非侵染性流胶病（生理性）两种。

1）侵染性流胶病（疣皮病或瘤皮病）。1 年生枝染病后，只产生瘤状突起，不发生流胶现象。来年 5 月上旬，病斑扩大，瘤皮开裂，溢出树脂，初为半透明软胶，不久变成茶褐色。病部散生小黑点，严重时，枝条枯死。多年生枝染病呈水泡状隆起，并有树胶流出。枝干上病斑多者则大量流胶，导致枯死。果实染病，初为褐色腐烂病，后密生粒点状物，从中溢出白色胶状物，严重影响果品质量。

2）非侵染性流胶病（生理性流胶病）。枝干染病初期，病部肿胀，从中流出半透明黄色树胶，渐成红褐色，呈胶冻状，后变为硬胶块。病部褐变、腐烂，造成死树。果实发病，有黄色液体溢出果面。病部硬化，龟裂，丧失食用价值。

【发病规律】

1）侵染性流胶病。由真菌引起，病菌孢子借风雨传播，从伤口、侧芽侵入。5月下旬~6月上旬为第一次发病高峰，8月上旬~9月上旬为第二次发病高峰。久旱逢大雨，病情加重。

2）非侵染性流胶病。因虫伤、冻伤、雹伤、机械伤、病伤等均可发病。土壤黏重、排水不良、特旱、特湿均可诱发流胶病。

【防治方法】

1）农业防治。增施生物有机肥，控施氮肥，注意排水防涝；改良土壤；修剪中少造伤口，伤口要及时保护。

2）保护枝干。及时防治介壳虫、蚜虫、天牛等害虫，冬季树干涂白，预防冻伤和日灼伤。

3）化学防治

① 早春发芽前刮除病瘤，伤口涂45%晶体石硫合剂30倍液，或喷高浓缩强力清园剂800倍液。

② 6月上旬、8月上旬、9月上旬涂刷枝干，用2%武夷菌素水剂800~1000倍液，或20%松脂酸铜水剂1500倍液。

③ 封冻前，用1：4：0.5：20的硫酸铜：石灰：植物油：水的混合液涂刷枝干，效果也可以。

三、桃根癌病

【发病症状】为根癌农杆菌属细菌所致，主要为害根颈、主干和侧根。少者1~2个，多者10余个根瘤，个头由豆粒至核桃大小不等，初为乳白色，后为深褐色，表面粗糙，凹凸不平，内部坚硬，发病树生长衰弱，叶片薄而黄，严重时，树死亡。

【发病规律】病原细菌存活于癌瘤皮层和土壤中，可存活1年以上。靠雨水、灌溉水、地下害虫、线虫近距离传播，带菌苗木是远距离传播的主要途径。病菌从嫁接口、虫伤口、机械伤口及气孔侵入。

【防治方法】

1）忌重茬。桃园或苗圃地严禁重茬种植。

2）改良土壤。多施有机肥或酸性肥料。

3）苗木处理。先剔除病苗，后用K84生物农药30~50倍液侵根

3~5min，或3%次氯酸钠溶液浸3min，或1%硫酸铜溶液浸5min，再放到2%石灰液中浸2min。以上3法也用于桃核播前处理。

4）病瘤处理。栽后若发现根部有瘤时，要用快刀切除，后用100倍硫酸铜液或50倍抗菌剂402溶液消毒切口，再外涂波尔多液保护。还可利用80%乙蒜素1000倍液或1.5%噻霉酮400倍液灌根，效果很好。

四、桃黑星病（桃疮痂病）

该病属真菌病害，是桃树上常见病害之一。

【发病症状】主要为害果实，也为害梢和叶。果实染病，初显褐色小圆斑点，后成2~3mm黑点，也有连成片的，果皮染病成木栓化，易造成裂果。枝梢染病，初现圆形褐色病斑，后期病斑隆起、流胶。但只为害表层，次年树液流动后产生小黑点（分生孢子），成为主要侵染源。

【发生规律】病原为嗜果枝孢菌，以菌丝在树梢病斑中越冬，果实成熟越晚，受害越重。

【防治方法】

1）彻底剪除病梢，集中烧掉。

2）注意通风透光，降低湿度。

3）喷药防治。药剂因物候期而异：

① 芽膨大前，喷高浓缩强力清园剂600~800倍液。

② 落花后，每半月喷1次70%代森猛锌可湿性粉剂500倍液，或70%甲基托布津可湿性粉剂800倍液，或80%喷克可湿性粉剂800倍液，这些药应交替使用。

五、桃腐烂病

【发病症状】为真菌病害，主要为害主干、主枝。病部呈褐色、隆起，有柔软感，有酒糟味，后期呈暗褐色，凹陷，散生黑色小点（分生孢子器）。潮湿时，排出黄褐色孢子角，小枝上芽节处有溃疡状，导致小枝枯死。

【发病规律】该病菌以菌丝体、子囊壳和分生孢子器在病组织内越冬。3~4月份，分生孢子角从分生孢子器中溢出，借风雨和昆虫传播，从皮孔和伤口侵入。5~6月份为害最重，7~8月份病情减缓，9月份又回升，11月份停止活动。

【防治方法】

1）加强农业防治。施足基肥，以腐熟有机肥为主，增施生物有机肥，控施氮，增施磷、钾肥；适量负载，尽量早疏花、果，节约营养。注意伤口及时涂抹保护剂，及时处理好病皮、病枝，减少病源。

2）及时刮病，结合药剂防治。发芽前，刮掉老翘皮及坏死病皮，用人造树皮涂抹，加以保护。也可用70%甲基托布津粉剂1份+植物油2.5份，或50%多菌灵可湿性粉剂1份+植物油1.5份混匀后涂抹病部，也可抹S-921抗生素20~30倍液，30%腐烂敌30倍液，843康复剂等。

六、桃黄叶病

此病因缺铁引起。

【发病症状】由新梢嫩叶开始发病，叶肉变黄，叶脉两侧仍保持绿色。严重时，整个叶片变成白色，甚至干枯，脱落，影响产量和品质。

【发病规律】

在碱性土壤，铁离子被固定，难为桃根系吸收利用。另外与砧木有关，一般用毛桃砧比栽培桃砧黄化病重些。

【防治方法】

1）增施生物有机肥，间作绿肥和生草。

2）发芽前喷0.3%~0.5%硫酸亚铁，生长季叶面喷施螯合铁。也可喷海绿素、黄叶一喷绿、福乐定、绿亨叶康等。

3）土施翠思1号，株施20~30g，7~8天叶片返绿，每年1次，效果明显。也可喷布顶绿6000倍液，每7~10天1次，连续2~3次，返绿效果也很好。也可用顶绿6000倍液灌根，每株15~30kg，10~15天1次，连灌2次，可收到同样效果。

第十章 采收、分级、包装与贮藏保鲜

一、采前准备

1. 准备好采收工具

为提高采收效率和采收质量，事先要准备好采果梯、采果器、采果筐（袋）、集装箱、包装箱（纸、标签）、运输车辆、分级机和包装场地。

2. 组织好人力

一般编成两组，一组负责采收和将果运到分级包装场，另一组负责分级包装和装车外运。要求所有人员必须剪短指甲，以免划伤果面，最好戴上手套操作。

二、采收方法

（1）采收人员要事先经过技术培训，正确掌握采收要领 看准要采的果实，全手握果，均匀用力，稍加扭转，顺果枝侧上方摘下。果柄短，梗洼深、果肩高的果，不能扭转，而应全手握果，顺枝向下拔摘。采收的顺序应从外向内，由下而上的顺序摘果，避免砸伤和刺伤。

图 10-1 采收

（2）分批采收 桃果在树冠不同部位，成熟度、糖度、着色、大小等都是不一致的。因此，应分批采收，一般分 2~3 批采收。这样可保证桃果质量，也有利于增加产量（图 10-1）。

三、分级

桃果运到包装场后，先检出病、残、畸形、小青果。然后，根据客商要求，将按大小、色泽、成熟度分成不同等级。燕特红桃可按 300g 以上、200~300g、120~200g 分成三级，将成熟度不够，个太小，又有伤，又畸形的果定为等外。

四、包装

将一级（精品）桃果装入礼品盒中，每果用包装纸包好，码紧，放在瓦楞纸格中或托盘内；非精品桃果可用塑料箱、纸箱或条框、竹筐包装。在容器内，填充柔软、干燥、不吸水、无异味的衬垫纸或填充物。圆形容器是从中心向外螺旋形码放，方形容器是以正方形或品字形码放。圆形桃果宜梗洼向下立放，突尖桃果宜横放。装好后，加盖封严，立即送达销售点或冷库（图 10-2）。

图 10-2　包装

五、贮藏保鲜

1. 桃果贮藏特性

桃果有呼吸高峰，属于呼吸跃变型果实。果实采收后，桃果中的果胶酶、淀粉酶活性很强，呼吸强度大，比苹果高 1~2 倍。常温下放 1~2 天果肉即变软，桃果对乙烯较为敏感，乙烯促进桃果褐变、软化和褪绿，风味变淡。因此，采后应立即进入保鲜库单独贮藏，不得混贮，以提高

果品的商品率。

（1）品种与贮藏 按果实发育期（从盛花期到果实成熟的天数长短），可分为特早熟、早熟、中熟、中晚熟和特晚熟 5 类。一般来讲，果实发育期越长，果实成熟相对越晚，较耐贮藏。相对而言，北方桃耐贮藏性优于南方桃。贮藏用桃多选择中晚熟和特晚熟品种，如中晚熟品种白凤、玉露、燕特红、京玉、深州蜜桃等在适宜条件下可贮藏 30 天以上，极晚熟品种青州蜜桃、映霜红、陕西冬桃、中华寿桃、桃王 99 一般可贮藏 60 天以上。离核及软溶质的桃品种耐贮藏性较差。

（2）栽培技术与贮藏性

1）加强病螨防治。贮藏中桃果易烂的主要原因是褐腐病、软腐病感染所致，其中软腐病是果实在田间已被侵染，因此在果实生长过程中要喷药防治。

2）开花后 21~24 天，对桃果喷施赤霉素及乙烯利，可抑制果实在贮藏中的褐变，增加果实中酚类化合物的数量和种类，并降低多酚氧化酶活性。

3）调控肥水。氮肥过多，果实品质不佳，贮运性差，应多施有机肥或生物有机肥。防治桃在贮藏期发生真菌性病害，需要在采前 3 周至 1 周里，用 0.8% 石灰水处理桃 2 次，这样不仅能起到防病的效果，还因提高了采后果实钙的含量和可溶性固形物的含量，增强了果实的耐贮性，采前也可喷洒杀菌剂来减少果实带菌入库的概率。

4）采前 7~10 天，停止灌水或控水（排水），同时不能喷乙烯利。否则易早熟、产生落果，也不利于贮藏。

5）判断桃果成熟度。

① 果实充分发育后，果皮开始退绿，果实稍硬，有色品种基本满色时为硬熟期。

② 当果实底色呈绿或浅绿色，果实茸毛开始减少，果肉稍硬，有色品种阳面开始着色时为七八成熟，硬熟期与七八成熟的果实较耐贮藏和长途运输。由于桃的成熟度不一致，一般品种需分 2~3 次采收，采收时需严防机械碰伤。将果实带果柄采，每天早晨趁温度低时采摘为好。随采随选，分级包装，包装容量为 5~10kg 的箱内衬纸或泡沫纸，高档果用泡沫网单果单层包装。搬运过程中，轻拿轻放，轻装轻卸，防止碰、压伤。

2. 桃果对贮藏环境的要求

（1）温度　桃对温度的反映比其他果实都敏感，桃的冰点为－1.2℃～－1.7℃，桃贮藏的最低温度是0.5~1℃。桃采后在低温条件下呼吸强度被强烈抑制，但易发生冷害，冷害的发生早晚程度与温度有关。发生冷害的桃果细胞皆加厚，果实糠化，风味变淡，果肉硬化，维管束褐变，桃核开裂，有的品种冷害后发苦或有异味产生，但不同品种其冷害症状不同。由于桃果对低温较敏感，长时间处于0℃条件下易发生冷害。为防止或减少冷害发生，需采用控温精度高的设施或采用间歇升温保鲜的方法，即果实先在0℃下贮藏1~3周，然后升温至18~20℃持续两天，再降温至0℃贮藏。选择自动化精度高的设备，库温均匀，能有效减少和避免冷害发生。

（2）湿度　毛桃类桃果覆盖着浓密桃毛，它与皮孔相通，加大了桃果水分的蒸发。露天，在湿度70%、温度20℃条件下，裸放7~10天，失水量超过50%，失水多使果实软化、皱缩，丧失商品价值。所以贮藏湿度应保持在85%~90%为宜。

（3）二氧化碳　贮藏环境中二氧化碳含量高于5%时，桃果会发生中毒症状，果皮褐斑和溃疡，果肉褐变，生硬，汁少，味差，影响食用。

六、贮藏技术

1. 预处理

（1）防腐保鲜　贮藏期间，桃易染病腐烂。在低温和气调条件下，加以防腐保鲜剂处理，会有效抑制病害的发生。常用的有乙烯吸收剂、仲丁胺等。

（2）药剂处理　用1-MCP（1-甲基环丙烯）处理桃果，可抑制乙烯的发生。该药具有低量、高效、无毒、无异味的特点，在常温、密闭条件下，用0.5~1μL/L，熏蒸24h后，进行冷藏，可抑制乙烯释放和呼吸作用，延缓果实衰老，减缓果肉变软速度。

（3）预冷处理

1）国内预冷处理。采后桃果在常温下，每天失水1%~2%，达5%时，外观质量明显下降。我国大多数桃产区将果实运至阴凉通风处待运。

2）国外预冷处理。长途运输用专用冷藏车。大多数用风冷和水冷两种方法预冷。水冷用0℃预冷，水冷时，在水中加一定浓度的杀菌剂。果

实冷却至 0℃时沥去水分，预冷温度以 0℃为宜，否则过低会导致冷害。

2. 贮藏方法

（1）冰窖贮藏 适宜贮藏晚熟品种（青州蜜桃、映霜红等）。我国北方地区的一种简易贮藏方法，是通常在冬季采集冰块，或人工浇水自然冻结冰块，或机械制冰，将冰块码放在窖底及四壁 50cm 左右，将预冷后的果筐码垛在冰上，果筐间距 8cm 左右，每层上面用碎冰块铺平 50~100cm 厚，冰面上面覆盖塑料薄膜，在塑料薄膜上面铺盖棉被、锯末、稻草等隔热保温材料，以保持温度的相对稳定。

（2）冷藏 由机械制冷设备控制，根据桃果对温度的要求，进行调控。这种冷库可以用钢筋水泥建造，也可将通风库、空闲房屋加以改造，自动控温达到贮藏保鲜的目的。

近几年，随着技术的进步，家庭果蔬贮藏保鲜库在各地兴起。北京一冷创佳科技有限公司根据中国果区农民的实际情况，突破贮藏技术难题，研制成功家庭节能环保型保鲜库，彻底解决了长期困扰广大果农的投资、技术等难题，为果品保鲜提供了质量保障，可避免季节性、地区性过剩，将“季产季销、地产地销、旺季烂、淡季断、丰产烂市、果贱伤农”转变为“丰收我贮、市无我售”的局面。此产品已具备产业化生产条件，包括民用电 220V/50Hz 和动力电 380V/50Hz 两种用电方式，产品分为普通型、技术型、智能型等多种型号，满足不同领域需要。这种家庭保鲜库的特点是：

① 投资少、见效快。一般库容 70~120m^3 空间可装 15~25t 桃果，初始投资（不包含土建、房屋）：保温材料加工费 1 万元左右，制冷设备 2.5 万 ~3.7 万元，增值 2~5 元 /kg。当年可收回投资并有盈余。

② 节能环保。可用民用电（220V/50Hz），每月耗电平均不超过 100 元，当一库果出库后，即可关闭电源。而大型冷库只要有一点桃果，就得开机，电能浪费较大。冬季可采用自然冷源降温系统，更加节能省电。

③ 结构简单，形式独特，无须单独设立机房，节省了安装空间及成本。且简便易学，接电可用。

④ 设备具有自动精准控温、自动杀菌、自动热气除霜、自动加湿、换气功能，有效控制减少果品发病率，保证了产品质量，延长了贮期。

⑤ 设备采用环保型国际公认的制冷剂，保护生态环境，造福子孙万代。

⑥ 采用无线远程控制系统，高精度自动控制，全方位信息采集、存储、

监测功能，实现更为现代化的智能控制系统平台。

这些年，家庭保鲜库已在多地投入生产，如甘肃省静宁区，秦安县、清水县，山西省临汾市，北京市平谷区，河北省丰润区，辽宁省沈阳市、绥中县，内蒙古赤峰市和山东省烟台市等地。使用数年，运转正常，果农受益。

（3）人工砌筑果窖改造现代保鲜库（图 10-3）　大多数用石头砌筑的果窖，上部种植果树，果窖内四周及顶部为石头砌成，上部有排气口，尺寸为 700~800mm，没有防渗漏设施，下雨时窖内渗水。

为了不破坏主体结构及上部果树，又能解决实际问题，北京一冷创佳科技人员经过反复研究实验，采用在窖内壁用方管焊成网格拱架，石壁与网格拱架间铺设厚塑料膜防雨水渗入，渗漏下来的雨水流入下部集水槽内排出或渗入井内，网格拱架内侧铺设每层厚度为 50mm 的两层错缝粘接的保温板，总厚度 100mm，外挂方格网抹防裂砂浆，设备根据现场情况特殊制作加工而成，从出气口上部送下，接电即可使用。此设备具有通风换气、杀菌等多项功能，深受果农青睐。

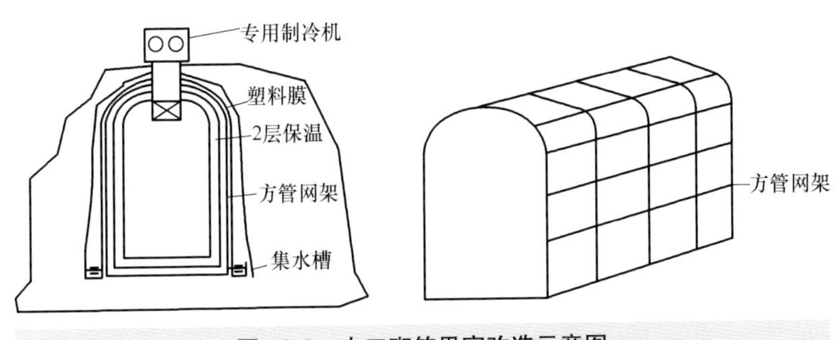

图 10-3　人工砌筑果窖改造示意图

（4）减压贮藏　用真空泵将专用罐内空气抽出，将罐内气压控制在适宜范围内，并配置低温和高湿的低压空气进行内循环，桃果实就能不断地得到新鲜、潮湿、低压、低氧的空气。一般每小时循环 4 次，就能够去除果实的田间热、呼吸热，以及代谢产生的乙烯、二氧化碳、乙醛和乙醇等，使果实长期处于最佳休眠状态，不仅使果实中的水分得到保存，而且使维生素、有机酸和叶绿素等营养物质也减少了消耗。同时，贮藏期比一般冷库延长了 3 倍，产品保鲜指数大大提高，出库后货架期也明显延长。

第十一章 生产上存在的问题与今后发展建议

第一节 生产上存在的问题

一、品种结构有待调整

当前，主要栽培的是鲜食品种，而适于加工的品种太少。过去曾走过一段弯路，20世纪80年代，全国兴起栽植制罐黄肉桃品种热潮，后来由于加工和销售上的问题，造成桃农经济损失较大，随之是大面积刨树或改接。如北京平谷，20世纪90年代一次性刨掉黄肉桃制罐品种果园4000余亩。目前，只剩安徽砀山、河南周口、北京平谷、辽宁大连与丹东，以及山东部分桃区有少量制罐黄桃专用品种基地。近年，随着国际市场需求增长，黄桃制罐品种奇缺，导致采收价格猛涨。2015年，在山东省蒙阴、沂源等地，黄桃（晚黄金等）收购价为10元/kg，今后可能又会出现黄肉桃热。

二、桃果质量亟待改善

近年，我国鲜食桃个大，色艳，外观质量明显提高，但可溶性固形物含量低，风味淡，并有裂核、软沟等问题（比例高达50%左右）。据北京平谷调查，桃果采后腐烂率高（15%左右），出库后5天平均腐烂率达60%。另外，有的黄桃罐头，80%以上添加染色剂。据平谷区果园抽样检测，45%桃果氧化乐果和敌敌畏超标。因此，出口到欧、美、韩、日的桃及其加工品受到很大限制。

制约桃品质的因素颇多，主要有：

（1）施肥不合理　单纯追求产量，大量追施氮肥，基本不施中、微量元素肥料。世界桃生产发达国家，每公顷桃园施纯氮 150~200kg，我国平谷的氮肥施肥量每公顷为 300~1000kg，通常超过桃树需求量的 3~5 倍。调查指出，平谷桃氮的盈余量，平均达到每公顷 330kg，肥料利用率低，土壤结构不良。

（2）灌水随意性强　缺乏仪器检测，一看地面干了，就着手灌水，多数桃园灌水量过大，尤其是采前和采收期的灌水。虽然增产，但会导致可溶性固形物含量降低，桃裂果和软沟，果实不耐贮运，货架期短。

（3）植保盲目性大　多数桃园不依据病虫测报，而是凭经验定期打药，看人家打药就打药，人家打什么药，自己就打什么药。这样会出现打药次数多、用药量大的问题，最终导致农残超标的结果。

（4）栽植密度太大　燕特红桃，一般采用行距 2.5m，株距 1.5m，每亩栽 178 株，还有每亩栽 200 株左右的。目前看，虽然早期产量较高，但会造成树冠郁密，影响果品质量，是值得重视的问题。这种高密植在小面积果园和大量人工操作的情况下还可以，但在大面积桃园、采用机械条件下，显得很不适用。

（5）整形修剪技术亟须更新　燕特红桃产区，基本上推广主干形（包括松塔形），基本能适应当地的栽植密度。但在修剪上，有的果园还采取冬季短截法和夏季摘心法，这种剪法导致旺枝多、光照差、优良长果枝少、花芽不饱满、果子个头小的后果。同时，也浪费了很多人工。

三、老桃区重茬问题大

我国桃栽植面积 76 万 ha 以上，多数桃龄在 15 年以上，需要及时更新。但因空闲地少，不得不在原地重栽，这就会出现再植病（重茬病害）问题，需要研究解决。今后 5~10 年，如果不能解决，势必会影响桃产业可持续发展。

四、采后处理与贮运水平有待提高

（1）分级　采后桃分级仍以果个和外观为主要分级依据，且仍以手工为主，误差大，效益低。我国桃采后处理量仅占总产量的 1% 左右，

亟须添置先进的分级流水线或分级机。

（2）贮藏量少 我国绝大部分桃采用常温贮藏和运输销售，果实后熟快，贮藏期和货架期短，即使少量桃采用低温贮藏和冷链运输，但常有冷害发生，严重影响桃在国际市场的竞争力。

五、加工能力差

一是缺乏专用加工品种及其原料基地，二是加工产品单一，技术含量低，附加值不高。我国采后冷链运输几乎为零，与先进生产国差距甚大，应迎头赶上。

六、加工业缺乏核心技术与品牌

我国桃加工企业多以生产桃原浆和浓缩桃汁形式出口，缺少自己的品牌。生产桃汁的大企业，均为购买原浆，勾兑而成。目前，这些企业规模小（生产桃汁 2000~3000t），技术设备落后，生产水平不高，亟待完善。

第二节 今后发展建议

1. 面向国内外市场

遵化地区属国家桃优势产区，生态条件适宜，交通及通信业发达，可采取“公司 + 农户 + 基地”模式，加强相关企业与果农、合作社的密切合作，按统一规划，科学布局，加速桃产业带的开发与建设。

2. 优化完善桃品种结构

燕特红桃在当地虽然成为主栽品种，销售的压力将越来越大，所以，在品种结构上要做出迅速调整。当前，油桃、蟠桃、鲜食黄肉桃成为国内城镇居民消费的热点。国内消费水平和消费档次越来越高，因此，引进、试验、栽培优新品种是今后努力的方向，如引进黄肉桃和油蟠桃等。

3. 生产功能性精品桃

今后，在大面积生产上，应推广规范化、精品化生产技术，生产精品果和功能果，创品牌打入市场，独树一帜，确立品牌形象。

1）因地制宜确定株行距，行距 2.5~4.0m，株距 1.5~2.5m，每亩栽 178~66 株，有的可采用计划密植、适时间伐的模式。一般可用行宽、株窄的定植方式，比较合适。

2）一律采用主干形或松塔形，培育通风透光的小树冠。在冬、夏季修剪中，尽量采用疏枝、拉枝，少用截、缩剪法。树高降到3m以下。

3）适量留果，合理负载。一般长果枝留3~5个果，中果枝留2~3个果，短果枝留0~1个果，全树留100~150个果，亩产控制在4000~5000kg。

4）改土、施肥。要切实落实到位，亩投资要达到2000~3000元，有机肥和生物有机肥量应随产量提高而增加。龙飞大三元有机无机生物肥及蒙鼎基肥，丰产、高产园的用量应在400~500kg。

5）SOD和富硒肥一定要坚持用，生产的功能性保健果将深受市场欢迎。

6）防御自然灾害应受到高度重视。如喷布PBO、M-JFN及碧护等，应在关键时施用。

7）培育市场和完善流通环节，扩大销售，货畅其流。

第十二章 防灾减灾

第一节 防晚霜危害

众所周知，北方果树中，桃树开花较早，常遇晚霜危害，花蕾露红期的受冻温度为－1.7℃；花期、幼果期的受冻温度为－1~－2℃。黄河以北桃产区，3~5月初，常有数股寒流来袭，轻者减产，重者绝产，给桃农造成不同程度的损失（表12-1）。

表12-1 桃树花期霜冻临界温度

发育时期	临界温度/℃	发育时期	临界温度/℃
未着色硬蕾	－4.5	盛花期	－2.0
露瓣初期	－3.0	落花期	－2.0
开花前	－2.3	落花后10日内	－2.0

注：在临界温度持续30min可出现危害。

一、推迟花期

（1）灌溉 萌芽后至开花前，灌水2~3次，通常可推迟花期2~3天，避开霜冻。

（2）枝干涂白 早春用7%~10%石灰液喷布枝干，可减少对光热的吸收，树温随之降低，因此，可推迟花期3~5天。

二、提高树体自身抗冻性

（1）喷布PBO 花前7~10天，全树均匀喷布150~200倍华叶牌

PBO（强树喷 150 倍液，较弱树喷 200 倍液），可有效减轻花期霜冻，保花、保果。

（2）喷碧护

1）花期受冻前喷施，可有效预防霜冻。

2）受冻后 6~10h 内喷施，7~15 天后可恢复生长。

3）喷布次数：

第一次，花蕾露红期，每亩用 3~4g，兑水 60~80kg。

第二次，在 70%~80% 落花后，每亩用 3~4g，兑水 60~80kg。

第三次，幼果迅速生长期（子房膨大至硬核期前），每亩用 4~6g，兑水 80~120kg。

（3）喷 M-JFN 该产品原产美国，具有预防霜冻、增强树势、保花、保果、拉长果形、增产提质的功效。在桃树展叶后，喷 1200~1500 倍液。

三、改善桃园花期小气候

（1）吹风法 在辐射型霜冻期，土壤表面和树体温度最低，随高度增加，气温显著上升。因此，为了防霜，国内外都成功采用吹风机搅动空气法来进行，能防止强度达 －6~ －8℃的霜冻。吹风机装置运转高度为 6~10m，吹风机的桨叶长度为 4~5m，固定在该装置的顶上，吹风机由内燃机或电动机驱动。这种装置可保护 1~8 公顷的桃园。

近年，我国甘肃省天水市近 20 万公顷（苹果、桃、梨、核桃和花椒）果园均采用安装“防霜冻风扇”防霜，效果良好（图 12-1）。这种风扇配置了自动调温装置，当气温降至设定温度以下时，电风扇自动开启，将高处（8m）较暖的空气吹向冷空气聚集的低处，从而达到防冻目的。据考察，2013 年，天水市秦安县城郊区的 400 余亩桃园，花期降雪降温，由于防霜冻风扇的保护而安然无恙。

（2）熏烟法 在最低温度不低于 －2℃时，利用熏烟法能使土壤热量减少散失。同时，烟粒吸收湿气，使水气凝结成液体而放出热量，提高气温，通常可提高 1℃左右。常用方法有：

1）普通法：将干草、刨花、秸秆等与潮湿的落叶、锯末等分层堆放，外面覆以薄土，中间插一木棍，以利于点火与出烟。堆高在 1m 以下。在有霜冻危险的夜间至早晨 3~4 点，当温度降至 5℃时，即可点着烟堆。

2）防霜烟雾剂法：配方是：硝酸铵 20%、锯末 70%、废柴油 10%。

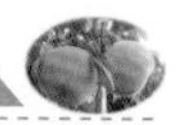

普通型

技术型

制冷设备

图 12-1 防霜冻风扇

先将硝酸铵研碎，锯末过筛，烘干，锯末越细，发烟越浓，持续时间越长。平时将原料分放，保证安全。霜冻来临时，将原料按比例混合，放入铁桶或纸壳桶内，在上风向放置。待温度降到2℃左右时，即可点燃，可增温1~1.5℃，烟幕可维持1h左右。

3）智能型防霜冻烟雾发生器：2010年通过陕西省科技厅技术鉴定，已获专利证书。

① 原理：通过智能控制器自动检测霜冻发生时间，提前启动发烟体，产生烟雾，减轻霜冻。

② 产品特点：智能检测霜冻，自动发烟无须人工操作，准确快速，省时省力，烟效可持续3h，且大面积、高密度覆盖。只发烟，无明火，安全可靠。要控制烟雾距地面的高度。

③ 性能参数：发烟持续时间≥120min；发烟体直径为230mm±20mm，发烟体高度为350mm±20mm，发烟体质量为7.5kg±0.5kg；检测温度范围－5~5℃；检测温度偏差 ±0.5℃；覆盖土地面积2~4亩。

④ 使用方法：每亩果园用4~6包，按50m×50m的间距布点，在上风向多用本品。当气温降至果树临界温度（±1℃）时，开始点燃烟雾剂。方法是：先打开包装，插上烟雾专线，用香火或烟头点燃，后陆续点燃全部烟剂，该烟剂可连续发烟2~3h；人员要全部撤离。

⑤ 贮运：该烟剂为易燃品，应远离火源，在阴凉干燥处贮藏。运输中要防潮、防高温、防日晒、防抛撒。

（3）加热器 加热空气来防霜是现代防霜较先进有效的方法。在果园内隔一定距离放置一个加热器，1亩地大约放10~15个，可使果园气温上升4~5℃。这种加热法适用于大果园，果园太小往往效果不佳。

第二节 防雹灾

雹灾是北方桃区常有的灾害性天气现象，5~9月份多有发生。近年雹灾有以下趋势：降雹期延长，范围加大，雹线改变，频率增加，强度加重（大粒雹比例大）等，给桃果生产造成难以挽回的损失。

一、预防措施

（1）避开雹线建桃园 冰雹常打一条线，在雹线上，受灾频率高。

因此，不要在雹线上建园。

（2）大面积造林 改善大区生态条件，是减轻雹灾的根本性措施。

（3）人工消雹 在一些果区，已配备消雹火箭炮。在“黑云压城”即将降雹的关键时刻，发射防雹火箭炮，十分有效。

（4）防雹网 防雹最有效的办法之一是建立防雹网。虽然一次性投资多一些，但较安全可靠。近年各地都有所见。

二、雹灾后挽救措施

（1）轻微雹灾

1）加强肥、水管理：地下根注 M-JFN 或蒙力 28，兑水 100~200 倍；叶面追肥（0.1%~0.2% 的尿素、磷酸二氢钾等）。

2）喷布杀菌剂：如喷施 70% 甲基托布津可湿性粉剂 600~800 倍液，以防治真菌病害。

（2）较重或严重雹灾

1）及早剪除破皮或折断的枝条，摘除打破果皮的果实，清扫地面上的残枝落叶，以减少发病条件。

2）对严重破皮的枝条，可用桐油、松香合剂涂抹。其配方是：桐油 1.2 份、松香 1 份、酒精 0.05 份。制法是先将桐油倒入锅中，煮沸再加松香，不断搅拌，开锅后 10min，松香溶后再加入酒精搅匀，凉后装瓶备用。选择枝、干脱皮处，用小毛刷蘸取少许合剂，均匀涂抹即可。

3）采取晚秋（9 月下旬 ~10 月上旬）摘心，去除嫩梢部分。冬剪推迟到芽萌动前进行。

4）喷杀菌剂，雹灾后及时喷布杀菌剂，药剂同上。

5）喷布磷酸二氢钾或高钾型肥料（汉姆红运）等，以利于枝条成熟，减轻春季抽条现象发生。

第三节 防 风 灾

一、风灾对桃树的影响

（1）树冠偏斜 由于风总朝一边刮，树冠常呈“飘旗形”，迎风面不出枝，或出枝后被吹弯，整个树冠偏向一侧，这种情况下，整形难度加大。

（2）影响授粉、受精 风大时，柱头易被风吹干，而且尘土覆盖在柱头上，也会阻止花粉发芽，影响授粉、受精，进而影响坐果和产量。

（3）吹落果实 采前，果实已长成足够大小，大风往往会吹落果实，影响当年收成。吹落的果实多数跌破果面，不堪食用，落果送加工厂，售价很低，经济损失很大。

（4）影响树正常发育

1）冬季大风、3~4 月份的旱风，会加强树的蒸腾作用，由于失水多，根系尚未活动，常造成严重抽条、死树出现。

2）降低叶片光合作用。由于大风使叶片失水多，在水分运输受阻的情况下，叶片气孔关闭，光合作用受阻，生长量变小，树体发育较弱。

二、防风措施

（1）选好园址 桃园应安排在背风向阳处，尽量避免在山顶、风道、风口处栽植。

（2）建防风林带 沙滩地应营造防风固沙林，山丘地应建水土保持林，平原应建网格林带。风大地区要加大林带行数和宽度，林带网格要小些。

（3）降低树高 树高易招风。为了减轻风害，桃树冠不宜太高。一般要求在 2.5~3.0m。过高时，上部果实易被吹落，而且不便田间操作。

（4）设支柱、篱架 现代化桃园，栽后即立支柱、篱架，防止被风吹歪、吹倒。一般间隔 8~10m 立一支柱。上横拉 3~4 道铁丝，在每株树旁立一竹竿或铁管，将树缚牢、缚直。

在无篱架的情况下，在 7~9 月份，用竹竿将树撑直，防止被风吹倒（图 12-2）。

图 12-2 用竹竿撑树

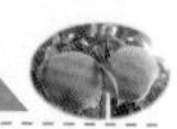

第四节 防 水 涝

我国北方桃区，虽然总降雨量偏少，但分布不均。个别桃区，6~8月份雨季来临，大雨成灾，低洼地排水不良，极易造成水涝。轻者导致早期落叶，树叶变黄，落果、裂果，有时发生秋梢，二次生长，二次开花，根系窒死，大根腐朽。果实熟前灌水，易造成裂果。秋季灌水，易引起贪青徒长，降低抗寒性。

一、预防措施

选好园地。桃树是北方落叶果树中最怕涝灾的树种之一，园片要选在地势高燥、背风向阳地块，并注意做好水土保持和土壤改良工作。

雨水偏多地区，可采用梯田或深沟高畦栽培方式，以利于及时排出积水。易积水地段要事先修好排水设施，平原地区采用起垄栽培，在底土有不透水层的地方，应进行客土换沙。

二、挽救措施

1）及时排水。在桃园内，每隔2~3行树挖1条排水沟（沟深50~60cm，宽40~50cm），及时排除根际积水。

2）扶正歪倒的树，用支棍固定。

3）清除树盘的淤泥和压沙，对裸露的根系培土保护。

4）果量大的树，要疏除多余幼果，减轻负担，以利于恢复树势。

5）加强叶面追肥，如喷布磷酸二氢钾等。

6）注意病虫害防治，保护好叶片，增强叶功能。10月中、下旬，用蒙力28+1倍水，涂抹树干或喷布树干。

第十三章

示范园周年管理例

这里着重介绍几个典型示范园的管理经验，其中包括张旭刚、王军、孙继云、翟国合、武学文和杨宝存等速丰高效的栽培经验。

一、起苗

起苗时，尽可能保护根系完整，主根长 15~25cm，侧根 4~5 条。无病虫害（特别是根癌病）栽植时，选 1 级苗，苗高 1m 以上，嫁接口距地面 10cm 处，苗干直径 1.5cm 以上。

二、苗木处理

（1）精选苗木 栽前，精选桃苗，分成 1、2、3 级，用利剪剪齐主、侧根的毛茬。

（2）药剂处理 将分完级的苗木根系用噁霉灵 3000~5000 倍液 + 碧护 5000 倍液浸根半小时，多者 1 昼夜。

三、定植

用挖坑机挖定植穴，穴深 40~50cm，直径 50cm。定植穴内，株施龙飞大三元有机无机生物肥 0.5kg。苗木栽植深度保持嫁接口距地面 10cm 左右。一边提苗，一边踏实。栽后浇透水，扶正苗木。定干高度为 60~80cm。

定植时期在 4 月初 ~4 月中旬。

四、栽后肥水管理

（1）灌水 当地多为平地，部分为山地，每片桃园都有灌溉条件，一种是沟灌，另一种安装滴灌。栽后，15~20 天灌 1 次水，施肥后也要灌水，

保证较高的成活率，许多桃园成活率达到 98%~100%。

（2）施肥

1）栽后第一年追肥：

① 新梢长度达 10~15cm 时，根注蒙力 28+100 倍水 + 亿金多 400 倍液 + 碧护 8000~10000 倍液，株注肥液 1kg。

② 新梢长 30cm 时，地面追硝铵磷肥，株施 50g。

③ 前次追肥后 15~20 天，再追 1 次，株施硝铵磷肥 50~100g。

④ 9 月底，施基肥。挖两条施肥沟，距树干 50~70cm，沟深 30cm，株施龙飞大三元有机无机生物肥 250g。

2）栽后第二年追肥：

① 展叶后，根注蒙鼎四合一，每亩施 1 桶（15kg）。

② 硬核期，根注 100 倍液蒙力 28+80 倍液汉姆红运（平衡型）+ 1000 倍液高钙高。

③ 7 月份，根注蒙力 28+ 汉姆红运（高钾型）+ 高钙高，倍数同硬核期的。

④ 8 月 20 日前后，根注蒙力 28+ 汉姆红运（高钾型）+ 高钙高，倍数同硬核期的。

五、整形修剪

（1）栽后第一年 燕特红桃树全部按主干形整形。

1）定干高度为 60~80cm。

2）当新梢长度达 70~80cm 时，对侧梢进行摘心，促分枝，随后拉枝到 90° 左右。第一层侧枝 3~4 个，上部枝拉到 110° ~120° 角，风大地区可采用编枝（上、下两枝互扭一起），固定后，秋季打开。

3）8 月下旬，全树留 3~4 个侧枝，分生 15~20 个长、中结果枝，树高可达 2m 左右。

（2）栽后第二年

1）春季修剪（包括夏剪）：树高达不到 2m 的，延长头在饱满芽修剪，剪留 40~70cm，由上而下，按枝序留长果枝 15~20 个，中果枝 7~8 个，短果枝基本没有，结果枝粗度大约在 0.4~0.7cm，太粗的要疏去。本着去长留短、去粗留细、去强留弱、去低留高的原则进行修剪。4 月初，进行花前复剪，主要是疏除花蕾多的密生枝和细弱枝。

花期前后，抹除拉平枝背上部、剪锯口处，近主干 15~20cm 的背上芽，也要抹双芽。

2）夏秋季修剪：疏除徒长枝、密生枝、双生枝和低位枝等。将有用长梢捋枝到 110° 角。

六、施用华叶牌 PBO

（1）栽后第一年 施用 2 次。

8 月 20 日，打第一次 PBO，采用 150 倍液，以促进成花。

9 月 10 日，再喷布 1 次 PBO。

（2）栽后第二年 新梢 20cm 长时，喷布第一次 PBO，平常喷 150~160 倍液 PBO，膨果期喷 250 倍液，以后每 15~20 天喷 1 次。王军果园 2014 年喷 4~5 次，果金柱全年喷 3 次 PBO，成花效果均好。

七、疏花、蔬果

燕特红桃属大果型，单果重大者达 500~650g，每个果需要有 50~60 片叶子制造的养分供应，所以要有足够的叶果比。

1）蕾期疏除多余花蕾。主要是枝条背上的和背下的花蕾，首先疏除，这样就疏掉全树花蕾一半左右。其次按距离留侧蕾，5~10cm 留 1 个蕾即可。

2）疏花。蕾期很短，2~3 天后，便接着疏花。疏花也要求去掉枝条背上和背下花，留两侧花，而且是隔一定距离（5~10cm）留 1 朵。

3）疏果。疏花后 7~10 天左右开始疏果。疏果也是疏除枝背朝天果和枝背下的朝地果，一律留侧向果，间距（同向）15~20cm。此外，定果时根据果枝健壮程度和长短留果。长果枝 70cm 的留 4~6 个果，40~50cm 的留 3~4 个果；中果枝留 2~3 个果，短果枝留 0~1 个果；细弱枝不留果。

全树留果量根据树体大小、枝量和管理水平而定。1cm 干周结 5~6 个果，一株 2 年生树留 50~90 个果，3 年生树留 80~110 个果，4 年生树留 100~120 个果，5 年生树留 100~130 个果。亩产量控制：2 年生树 2000~3000kg，3 年生树 4000~5000kg，4~5 年树 5000~6000kg，追求稳产、优质和壮树。

八、病虫害防治

全年桃园喷药 7~8 次：

3 月 20 日，进行清园，全园喷高浓缩强力清园剂 600 倍液，降低病虫基数。

5 月初，防梨小、害螨，喷 1000 倍液灭幼脲 +1000~1500 倍液三唑锡 + 叶面肥 718。

以后，每 15~20 天喷 1 次上述农药，后期加喷磷酸二氢钾（0.2%）。

6 月底，喷吡虫啉 1000 倍液，防治盲蝽象。

7 月防梨小和桃小食心虫，喷布灭幼脲 3 号 1000 倍液 + 多角体病毒 800 倍液。若发现黑星病，可喷安泰生 600 倍液；细菌性穿孔病，可喷绿亨 6 号 1200 倍液。

九、套袋

6 月初，套优质双层果袋，不要漏套。9 月 10 日开始，陆续解袋。解袋后，及时清理摘下的破烂纸袋，集中烧毁。

十、铺银色反光膜

摘袋后，清理树盘和行间纸袋，枯枝、落叶，铺放银色反光膜，每亩铺 $300m^2$ 左右，有利于中、下层果实着色。

十一、采收、分级

燕特红桃在当地宜于 9 月 10 日 ~25 日采收。成熟度为七八成熟，有利于运输销售。

采后，根据客商的要求进行分级，包装待运。

十二、刈草

当地桃园推广自然生草。5~9 月份，草层高 30cm 时，用割草机刈割 3~4 次，留茬高度为 6~8cm。由于密植桃园阳光相对不足，杂草长得不够茂盛，但也要加以细心管理。

十三、防寒

落叶前（初霜期前），喷超强防冻剂 800 倍液 +1% 尿素液 + 艾百亿 1000 倍液 + 锐利 3000 倍液，可增强树体越冬防寒能力。

附 录

常见计量单位名称与符号对照表

量的名称	单位名称	单位符号
长度	千米	km
	米	m
	厘米	cm
	毫米	mm
面积	公顷	ha
	平方千米（平方公里）	km^2
	平方米	m^2
体积	立方米	m^3
	升	L
	毫升	mL
质量	吨	t
	千克（公斤）	kg
	克	g
	毫克	mg
物质的量	摩尔	mol
时间	小时	h
	分	min
	秒	s
温度	摄氏度	℃
平面角	度	（°）
能量，热量	兆焦	MJ
	千焦	kJ
	焦[耳]	J
功率	瓦[特]	W
	千瓦[特]	kW
电压	伏[特]	V
压力，压强	帕[斯卡]	Pa
电流	安[培]	A

参考文献

[1] 马元胜,贾云云.无公害桃安全生产手册[M].北京:中国农业出版社,2008.
[2] 康士勤.桃优质高产高效栽培[M].西安:陕西科学技术出版社,2015.
[3] 杨运琪,刘在富.提高桃果实品质关键技术措施[J].果农之友,2015(8):19,50.
[4] 郭晓成,严潇.桃安全优质高效生产配套技术[M].北京:中国农业出版社,2006.
[5] 王有年,邢彦峰,周仕龙,等.优质桃无公害生产关键技术问答[M].北京:中国林业出版社,2008.
[6] 孙安宁.桃省工高效栽培技术[M].北京:金盾出版社,2014.
[7] 康斯坦丁诺夫.果园霜冻[M].汪景彦,译.北京:农业出版社,1991.
[8] 汪祖华,陆振翔,周建涛.桃品种[M].北京:农业出版社,1990.

ISBN：978-7-111-55670-1
定价：49.80 元

ISBN：978-7-111-55397-7
定价：29.80 元

ISBN：978-7-111-47444-9
定价：19.80 元

ISBN：978-7-111-47467-8
定价：22.80 元

ISBN：978-7-111-57263-3
定价：39.80 元

ISBN：978-7-111-46958-2
定价：25.00 元

ISBN：978-7-111-56476-8
定价：39.80 元

ISBN：978-7-111-46517-1
定价：25.00 元

ISBN：978-7-111-46518-8
定价：22.80 元

ISBN：978-7-111-52460-1
定价：26.80 元

ISBN：978-7-111-56878-0

定价：25.00 元

ISBN：978-7-111-52107-5

定价：25.00 元

ISBN：978-7-111-47182-0

定价：22.80 元

ISBN：978-7-111-51132-8

定价：25.00 元

ISBN：978-7-111-49856-8

定价：22.80 元

ISBN：978-7-111-50436-8

定价：25.00 元

ISBN：978-7-111-51607-1

定价：23.80 元

ISBN：978-7-111-52935-4

定价：29.80 元

ISBN：978-7-111-56047-0

定价：25.00 元

ISBN：978-7-111-57789-8

定价：39.80 元